Tucholsky Wagner Zola Scott Sydow Freud Schlegel
Turgenev Wallace Fonatne
Twain Walther von der Vogelweide Fouqué Friedrich II. von Preußen
Weber Freiligrath
Fechner Fichte Weiße Rose von Fallersleben Kant Ernst Richthofen Frey Frommel
Hölderlin
Engels Fielding Eichendorff Tacitus Dumas
Fehrs Faber Flaubert
Eliasberg Ebner Eschenbach
Feuerbach Maximilian I. von Habsburg Fock Eliot Zweig
Ewald Vergil
Goethe London
Mendelssohn Balzac Shakespeare Elisabeth von Österreich Dostojewski Ganghofer
Lichtenberg Rathenau Doyle Gjellerup
Trackl Stevenson Tolstoi Hambruch
Mommsen Thoma Lenz Hanrieder Droste-Hülshoff
Dach Verne von Arnim Hägele Hauff Humboldt
Reuter Rousseau Hagen Hauptmann Gautier
Karrillon Garschin
Damaschke Defoe Hebbel Baudelaire
Descartes
Hegel Kussmaul Herder
Wolfram von Eschenbach Dickens Schopenhauer Rilke George
Bronner Darwin Melville Grimm Jerome Bebel Proust
Campe Horváth Aristoteles Federer
Bismarck Vigny Barlach Voltaire Herodot
Gengenbach Heine
Storm Casanova Tersteegen Grillparzer Georgy
Chamberlain Lessing Langbein Gilm
Brentano Lafontaine Gryphius
Strachwitz Claudius Schiller Kralik Iffland Sokrates
Bellamy Schilling
Katharina II. von Rußland Gerstäcker Raabe Gibbon Tschechow
Löns Hesse Hoffmann Gogol Wilde Gleim Vulpius
Luther Heym Hofmannsthal Klee Hölty Morgenstern Goedicke
Roth Heyse Klopstock Kleist
Luxemburg Puschkin Homer
La Roche Horaz Mörike Musil
Machiavelli Kierkegaard Kraft Kraus
Navarra Aurel Musset Moltke
Nestroy Marie de France Lamprecht Kind Kirchhoff Hugo
Laotse Ipsen Liebknecht
Nietzsche Nansen Ringelnatz
Marx Lassalle Gorki Klett
von Ossietzky May Leibniz
vom Stein Lawrence Irving
Petalozzi Platon Knigge
Pückler Michelangelo Kafka
Sachs Poe Liebermann Kock
Korolenko
de Sade Praetorius Mistral Zetkin

Dit boek is onderdeel van de **TREDITION CLASSICS** serie. De makers van deze serie zijn verbonden door hun passie voor literatuur en gedreven met de bedoeling om alle publieke domein boeken weer gedrukte vorm beschikbaar te maken - wereldwijd.

De meeste geprinte **TREDITION CLASSICS** titels zijn al decennia verdwenen uit de boekenkasten. Bij tredition geloven wij dat een goed boek nooit uit de mode is en dat zijn waarde voor eeuwig is. Deze boeken serie helpt bij het behouden van de literatuur schatten. Het draagt bij in het behouden van prachtige wereldliteratuur werken.

Johannes Gutenberg, de uitvinder van Movable Type afdrukken (1400 – 1468) is het symbolische figuur van deze serie die enkele tienduizenden titels bevat.

Alle titels van deze serie **TREDITION CLASSICS** zijn beschikbaar als paperback en hardcover. Voor meer informatie over deze unieke serie en over tredition willen we u verwijzen naar: www.tredition.com

tredition is opgericht in 2006 door Sandra Latusseck & Soenke Schulz. Met kantoor in Hamburg Duitsland, tredition bied auteurs, uitgeverijen oplossing voor publiceren gecombineerd met een wereld wijde distributie voor zowel het gedrukte boek als het digitale boek. tredition heeft de unieke positie om auteurs en uitgeverijen boeken te laten creëren op hun eigen voorwaarden en zonder de conventionele productie risico's.

Het Geldersch Byenboek of pratyk der byen, langs den kant der Maes, Peel en Niers, in het overkwartier van Gelderland

Petrus Hendrix

Impressum

Dit boek maakt deel uit van TREDITION CLASSICS.

Auteur: Petrus Hendrix
Cover design: toepferschumann, Berlijn (Duitsland)

Uitgever: tredition GmbH, Hamburg (Duitsland)
ISBN: 978-3-8495-4078-4

www.tredition.com
www.tredition.de

Copyright:
De inhoud van dit boek is afkomstig van het publieke domein.

De bedoeling van de TREDITION CLASSICS serie is om de wereldliteratuur beschikbaar te maken in gedrukte vorm via het publieke domein. Lieteraire liefhebbers en organisaties hebbe wereldwijd gescanned en digitaal de oorspronkelijke teksten bewerkt. tredition heeft vervolgens de inhoud geformatteerd en de inhoud opnieuw ontworpen in een moderne te lezen layout. Daarom kunnen wij niet garanderen dat de exacte reproductie van het originele formaat van een bepaalde historisch editie. Houd er dan ook rekening meet dat er geen wijzingen zijn aangebracht in de spelling, dus deze kan afwijken van de huidige spelling die vandaag te dag word gebruikt.

Het Geldersch Byenboek

of pratyk der byen, langs den kant der Maes, Peel en Niers,

IN HET
OVERKWARTIER VAN GELDERLAND,
DOOR

Petrus HENDRIX
in leven, Kapelaan te Lottum.
In Gelderlants Overkwartier
Maken by en byman goeden sier.

Oud spreekwoord.

MAASTRICHT,
Stoomdrukkerij van »Le Courrier de la Meuse".
1890.

HET GELDERSCH BIJENBOEK

langs de Maas, Peel en Niers,
VAN
Petrus HENDRIX
Kapelaan te Lottum.

INLEIDING.

De bijenteelt was oudtijds meer dan thans, ook in sommige gewesten van ons Vaderland, een niet onbeduidende tak van nijverheid. In de heidestreken van het tegenwoordige Limburg en Noord-Brabant trof men vele bijenhouders aan, die zich eene noemenswaardige opbrengst wisten te verschaffen uit de vlijt der kleine diertjes, door het verkoopen van honig, het bezorgen en persen van was ter vervaardiging van kaarsen en het distilleeren van een drank genaamd "meede". Insgelijks werden geneesmiddelen, pleisters, confituren uit honig en was bereid; en wie kent niet de beroemde wassen beelden, groot en klein?

Het beloofde land der Joden, na de slavernij in Egypte, was een gewest overvloeijende van melk en honig en de zoetigheid des honigs wordt door de gansche oudheid geroemd.

Geen wonder dat behalve de Grieken ook reeds de oude Romeinen het bijengewin belangrijk genoeg vonden om hetzelve in prosa en dicht te beschrijven. Virgilius in zijne Georgica, Plinius en Columella verklaren ons op hunne manier den oorsprong en ontsluieren vele geheimen van het naarstig bijenvolkje.

De volgende eeuwen leverden meerdere overzetters dezer Latijnsche schrijvers van het akkerwezen "Rei rusticae scriptores" in verschillende taal en stijl; allen echter bleven min of meer slaafsche navolgers hunner meesters. Zelfs vader Vondel zond eene Nederduitsche vertaling van Virgilius' Georgica de wereld in. [4]

Meer vakkennis, grondiger onderzoek, dieper doordringen in de natuurkundige wetenschappen, zelfbekwaming door praktijk, een meer stelselmatige indeeling der insektensoorten kenschetsen de latere schrijvers over de Bijen, hare natuur, werkzaamheden, en behandeling in betrekking tot landbouw en koopwaarde.

In de 16de eeuw leefde in de Academiestad Leiden *Dirk Outgers Cluijt* welke veel bijdroeg tot de bevordering der kruidkunde in Nederland. Ten jare 1598 verscheen van hem een werkje "Van de Biën haeren wonderlycken oorspronck enz." dat meerdere uitgaven beleefde. Theodorus Clutius, zoo hij zich op zijn Latijnsch betitelde, verdeelde zijn geschrift in 3 boeken: "I van de Biën inhoudende, van de nature, eygentschap ende hare ordentlycke regeringe, die sy met haren coninck onder malkanderen onderhouden; II van de regeeringhe der Biën, leerende hoe men die op 't profytelyckste voeden ende regeren sal; III van den Honich, tracterende wat nuttigheydt ende profyten dat men daer uyt can cryghen, ende wat men daer van can maken". Deze boeken zijn wederom in kapittels onderverdeeld en het geheele werk is gesteld in den vorm van samenspraken, die besloten worden met de volgende ontboezeming van zijn ondervrager: "Het is my gewest een genuchte om te hooren, verstaen hebbende al, dese wonderlyke werken die God hier boven in dese cleyne creaturkens geschapen heeft: En wel te recht mach David in syn Psalmen seggen dat Godt wonderlyc is in Syn doen en werken, en dat se ooc onbegrypelyc syn want men vint in dese creaturkens veel ongelooflyck en ongehoorde dingen, noch langs so meerder, dan men oyt te voren geweten heeft: wille daerom deur dese cleyn dierkens bemerken Godts wonderwerken! Hem lovende en danckende dat hy ons so veel na gelaten heeft, dat wy (alwaert dat wy willens blint wilde syn) moeten bekennen dat hy al regeert en bewaert tot ons besten, welcken sy gelooft, gepresen inder eeuwicheijt. Amen".

Het werkje van Cluijt is op een wetenschappelijken voet geschreven, nogthans met bijbehoud der oude schrijvers.

In volgende tijden verschenen meerdere Hollandsche, Vlaamsche, Fransche en Duitsche verhandelingen over de bijenteelt, waarvan men eene beknopte opgave vindt in: Heckmeijer's Handboek over de Bijen, Zwolle 1866 pag. IV.

Het voormalige land van Kessel onder het Geldersch Overkwartier [5]behoorende, bezat onmeetbare heidevelden zeer geëigend voor de bijencultuur, die dan ook van oudsher een voorname tak van winst vooral voor de Peellanders was. In de oude Gerichtsprotocollen en andere stukken komen herhaalde gevallen voor, betrekking hebbende op het standgeld der bijenkorven, opvangen van zwermen, verpachting van den bijenstand, belasting op de "opsetters" enz. dat alles de groote honig- en wasproductie aanduidt. Van de Maasstreken bragt men in bepaalde jaargetijden de bijen naar de ruimere Peelheiden en zoo behoorde in de vorige eeuw in de heerlijkheid ter Horst, de helft dezer opbrengst tot de inkomsten der kerk. (STEFFENS, *Geschied. der aloude heerl. Horst*, pag. 165 seq.). Te Venraij had de vicarie van Sint Theunisaltaar een derde gedeelte van den bijenstand en het Schepenzegel van dit dorp had, behalven de sleutels van Sint Pieter, een bijenkorf in zijn wapenschild. (Zie *Maasgouw* 3[de] jaargang 1881 pag. 422 seq.).

De Eerwaarde heer Petrus Hendrix, kapelaan te Lottum, die gelijk meerdere zijner Kessellandsche ambtsvoorgangers een nijvere bijenhouder was, en jarenlang liefhebber en beoefenaar dier teelt is geweest, heeft tot gemak van eigen bewerking en tot gerief van anderen, die zich op deze kennis toeleggen, de vruchten zijner "ondervinding en pratijk" zooals hij zegt, in schrift gebracht en te boek gesteld, waaraan hij den 11 December 1786 de laatste hand legde en zoo dien geestesarbeid voltooide.

De schrijver die eene groote opmerkingsgave bezat, heeft hoofdzakelijk de bewoners van den Peel, Maas, Niers en hunne omstreken op het oog, waarom hij dan ook vooral met plaatselijke omstandigheden, grond, weersgesteldheid en gebruiken rekening houdt. In groote wetenschappelijke natuuronderzoekingen verdiept de schrijver zich geenszins, trekt de gevolgtrekking welke de ouderen uit den stand der planeten op vruchtbare of onvruchtbare bijenjaren maakten in twijfel en zet slechts nauwkeurig te boek wat hij zelf van de bijen gezien, van hare vijanden weet, en van de behandeling, gereedschappen en hutten des bijenmans kent en ondervonden heeft. De taal waarin de schrijver zijn werk opstelde is de Nederlandsche, zooals ze in boeken op het laatst der vorige eeuw in het Roermondsch Kwartier gedrukt, voorkomt. Het geheel is doormengd met plaatselijke [6]of platte uitdrukkingen en woorden die ontegenzeggelijk den Maaslandsch-Kleefschen tongval verraden1.

Ongetwijfeld heeft de Kapelaan-bijenman, behalve anderen ook, het boek van den Leijdschen botanicus Cluijt voor oogen gehad, daar hij gelijksoortige zegswijzen bezigt en ook de catechetische vorm in vragen en antwoorden gebruikt, doch veel wijdloopiger en meer geregeld dan deze de verrichtingen en werkzaamheden aangeeft.

De titel van het werk luidt:

"Byen boeck ofte Pratyk der byen dat is, hoe de byen langhs den kandt van de Maes, Peel, Niers en naebuerige Platsen moeten gehantert en bearbeydt woorden, opgestelt by maniere van saemenspraeck door Peeter Hendrix à Meerloo".

En het slot:

"Finis ofte eynde van dit byenboeck gemaeckt door het pratyk en ondervinding van den eerwaarden Peter Hendrix, Capelaen tot Lottum, hac die 11ma Decembris anno 1786".

Een register of bladwijzer bij het werk gevoegd geeft ons de indeeling des boeks, in 30 deelen, waarvan de meeste in verschillende hoofdstukken of kapittels gesplitst zijn, te kennen.

Register van de principaelste Saeken.

1. Bladzijde
2. Het eerste Deel.
   1. Cap. 1, van de natuer der byen1
   2. Cap. 2, van den aerbeydt der byen8
   3. Cap. 3, van den aerdt der byen11
   4. Cap. 4, eenighe observatie om de jaeren te kennen of sy vet ofte maeger syn14
3. Het tweede Deel.
   1. Cap. 1, van de vyanden der byen, van uytwendighe vyanden20
   2. Cap. 2, van den wolf der byen23
   3. Cap. 3, van den inwendighen vyant26
4. Het derde Deel.
   1. Cap. 1, van het huys der byen28
   2. Cap. 2, van de byenhut of schop in den Wyenter31
   3. Cap. 3, van de hut in den Somer33

[7]

5. Het vierde Deel.
   1. Cap. 1, van de vaeselbyen ofte opsetters34
   2. Cap. 2, van de ponden der vaeselbyen36
   3. Cap. 3, wat nogh in het opsetten meer moet observiert worden38
6. Het viefde Deel.
   1. Cap. 1, van het vuel maken der byen39
7. Het zesde Deel.
   1. Cap. 1, van het reynigen der byen en visitieren derselven naer den wyenter41
8. Het zievende Deel.
   1. Hoe men eenen moerloosen bie in den Lente helpen sal43
9. Het aghste Deel.
   1. Cap. 1, van de Roovers en vremde byen; wat Roovers syn45
   2. Cap. 2, van de middelen tegen de Roovers46

10. Niegenste Deel.
    1. Van het voeren en laeven der byen49
11. Het tiende Deel.
    1. Van het korten in den Lenten53
12. Het elfde Deel.
    1. Cap. 1, van het eerste swaermen ende jaegen55
    2. Cap. 2, van het jaegen der byen59
    3. Cap. 3, van de swaekke byen die op haeren tydt niet konnen gejaeght worden63
13. Het twaalfde Deel.
    1. Cap. 1, van het swaermen der byen66
    2. Cap. 2, van het swaermen der gejaeghde byen68
    3. Cap. 3, hoe de naerswaermen moeten staen70
    4. Cap. 4, eenige bemerkingen voor de lyefhebbers der byen72
14. Het dartiende Deel.
    1. Over het bewaeren der moeren74
15. Het veertiende Deel.
    1. Van de dolle, laeme en onvrugtbaere moeren77
16. Het vyeftiende Deel.
    1. Van het korten der byen naer het swaermen79
17. Zestiende Deel.
    1. Van het verspeelen der moeren82
18. Het seventhiende Deel.
    1. Van het helpen der moerloosen83

[8]

19. Het aghtiende Deel.
    1. Van het laeppen der byen86
20. Het niegentiende Deel.
    1. Van het hantieren der jaegers88
21. Het twintigste Deel.
    1. Van het omsetten der byen92
22. Het een en twintigste Deel.
    1. Van ongesondtheyt en vueligheyt der byen94
23. Het twee en twintigste Deel.

       1. Hoe eenen ongesonden bie gesondt gemaeckt moet worden101
24. Het dry en twintigste Deel.
       1. Hoe men voorders de byen moet hanteren103
25. Het vier en twintigste Deel.
       1. Van het vervoeren der byen104
26. Het vyef en twintigste Deel.
       1. Van het haelen der byen109
27. Het ses en twintigste Deel.
       1. Van het dooden der byen111
28. Het seven en twintigste Deel.
       1. Van het maecken der koningen113
29. Het acht en twintigste Deel.
       1. Hoe men de byen uytstekt en den honing in de ton doet114
30. Het negen en twintigste Deel.
       1. Hoe men den honig separeert van het wasch118
31. Het dartichste Deel.
       1. Van het mey maecken119

Wat nu den schrijver aanspoorde zijne ervaringen te boek te zetten verklaart hij ons in de voorrede tot den leezer.

Als een verder staaltje van 'smans wijze van opvatting, taal en stijl geven we hier ietwat uit het 2de Capittel van het tweede Deel waarbij de schrijver verklaart hoe dat in de jaren 1782 en 1783 zich hier te land een vijand van de bijen vertoonde, tevoren onbekend en genoemd *Bijenwolf.*

"Disciepel vraeght: Hebben de byen eenen wolf?

"Meester antwoordt: Anno 1782 en 1783 heeft sych vertoondt een gedirte hetwelck geene mensch gedenckt van ooyt gesien te hebben, maer uyt Duytslandt en Vranckryck hebben nieuwspapieren gemeldt [9]dat aldaer in de annales ofte jaerlyxe aentekeninghen gevonden wierdt, dat omtrent voor hondert jaeren dit gedirt ook geregeerdt heeft en veel schaede aen de byen veroorsaeckt hadde en het volgende jaer de pest onder menschen gevolght was, voor welk quaet den goeden Godt ons genaediglyk bewaert heeft.

"D. Vr. Waerom noemt gy dit gedirte eenen wolf?

"M. A. Dit gedirt wordt genoemd den wolf, omdat het mit geenen anderen naem bekent is. Eventwel magh het mit recht den wolf der byen genoemdt worden, want den natuerlijcke wolf en kan onder de schaepen zoo grooten schaei niet verorsaecken als dit gedirt onder de byen".

Voor zoover bekend, is het "Bijenboeck" van den Kessellandschen schrijver nooit ter perse gelegd of in druk verscheenen, doch of zulks ter wille van geldelijke onkosten, of uit bescheidenheid of bedeesdheid gebeurt is, blijft ook na lezing des boeks een raadsel. Een groote verspreiding mogt evenwel dit werk onder de vakmannen genieten en op vele dorpen zoo als Lottum, Horst, Venraij, Well, en zelfs in het land van Kuijk worden nog verschillende exemplaren in copie aangetroffen. De eene bijenman schreef het van den anderen af, waardoor het werk van Hendrix niet verbeterde. Er verschenen exemplaren, die van elkander zeer veel in spelling verschilden. Een der minst verbroddelde afschriften en denkelijk met het oorspronkelijke het meest overeenkomende hebben we hierbij benuttigd; het is Anno 1809 vervaardigd door "Gerardus Vaeghs woonaegtig op Stalberger Hoof2 in de Welder Loy". Het geeft ons des schrijvers geduld te kennen dat hij wellicht gedurende vele winteravonden beoefend heeft. — Een ander afschrift in meer moderne spelling loopt tot en met het 23[ste] deel en werd voor de kleinste helft afgewerkt den 12 November 1812 door Abraham Janssen uit Over-Loon.

Het afschrift van Vaeghs, hetwelk hier het licht ziet is een in folio, op zwaar papier met duidelijke hand geschreven. Het exemplaar telt negen en zestig bladzijden en heeft een grijs papier tot omslag; de bladen hebben, door het veel gebruik dat daarvan gemaakt werd, veel geleden; zij hebben wat de schooljongens noemen "ooren" aan de punten en zijn vol vlekken.

Het oorspronkelijk handschrift van Petrus Hendrix hebben wij niet [10]kunnen ontdekken, zoo dat wij niet weten welke spelling hij gebruikt heeft en volgens welke grammatica hij zijn boek heeft opgesteld. Wij zijn dus genoodzaakt de schrijfwijs van Peter Vaeghs te volgen, die zoo als wij zoo even zeiden, ons dunkt het meest met de schrijfwijs van den auteur overeentestemmen.

Wat den titel aangaat van het boek hebben wij ons eenige vrijheid veroorloofd die ons de lezer, naar wij hoopen, niet euvel zal duiden. De titel door Hendrix gekozen en door ons hierboven vermeld, scheen ons te lang en te omslachtig; de nieuwe titel "Geldersch Bijenboek" drukt duidelijk uit wat de schrijver voor had, namelijk het schrijven van een boek over de bijen voor de landlieden van den kant der Maas-, Peel- en Niersstreek, en voor de naburige plaatsen van het Overkwartier.

En nu een kort woordje over den schrijver zelven.

De eerwaarde heer *Petrus Hendrix* was geboren te Meerloo uit het huwelijk van Michiel en Allegonda Wismans, en werd aldaar gedoopt den 13 Augustus 1723. Bij den afloop zijner theologische studiën was hij van 1747-1751 kapelaan te Blitterswijck en in die jaren eenigen tijd deservitor der vacante pastorie aldaar. Ten jare 1751 werd hij bevorderd tot de meer beduidende kapellanie van Lottum, waar hij in het 47ste jaar zijner Priesterwijding en het 72ste zijns levens overleed. Het sterfregister meldt het volgende:

In het jaar 1795 den 5 Maart stierf de eerwaarde heer Petrus Hendrix, gedurende 44 jaren kapelaan en zielzorger dezer parochie, en werd in de kerk begraven.

Eene bizonderheid van 's mans uiteinde is bekend gebleven. Als zijn lijk op het praalbed volgens gewoonte met brandende waskaarsen omringd was, viel door eenig toeval een der waslichten om, en hadden reeds de ornamenten en lijkgewaden vuur gevat toen juist op tijd komende bidders blussching aanbrachten.

Zoo hadde dus het product van 's meesters geliefde bijen, namelijk de was, eene voorzeker niet gewenschte lijkverbranding kunnen doen ontstaan!

Moge deze kleine bijdrage strekken tot nadere kennis van den Limburgschen schrijver en tot verder naricht over het eertijds zoo bloeiend bijengewin in ons Geldersch Overkwartier.

Well, den 4 April 1890.

M. J. Janssen.

1 Men weet dat het land van Kessel waar onze bijenman woonde en geboren werd, sedert 1713 onder Pruisisch gebied stond en de Nederlandsche taal aldaar maar weinig beoefend werd.

2 Nu veelal genaamd Sander hof.

[11]

Het Geldersch Byenboek.

VOORREEDEN TOT DEN LEESER.

"Aengesien dat men vele boecken vindt die van de byen schrieven, de meeste schrieven alleen uit speculatie en raecken het pratyk weynig ofte niet. Daerom heb ick geen speculatie maer alleen het pratyk wyllen voorstellen, maer overmits het pratyk in allen Landen niet het zelve en kan syn, daerom heb ick in den tytel van dit boeck gestelt dat de byen langhs de Maes, Peel, Niers en andere naeburighe landen met profyt steeds konnen gehantért ende bearbeydt worden; want langhs deese kanten bearbeydt men de byen om honigh te haelen op den boekweydt, heyden ofte Peel en daerom moeten sy in het vroeghjaer sterck gedreeven worden opdat men in den Somer veel volck ofte byen heeft. Maer in andere Landen waer de byen int voorjaer principael den honigh haelen, moeten sy soo niet gehantiert, en uyt malkander gedreeven worden, omdat sy in het naerjaer weynigh honigh haelen en soo soude den byenman veel volckx of byen hebben maer weynigh ofte geen honigh; daerom moet een voorsychtigh byeman bemercken de plaets en Land waer hy de byen hantiert en bearbeydt. Maer ist saecken dat de byen alleen in den Lenten op deze plaets staen en in den Somer naer den boekweydt, heyde ofte Peel gevaeren worden, dan kan men in desen Lande sterck uyt malkander dryeven met weyniger honigh als in dit Land, omdat sy aldaer honigh haelen en hier seer selden. Daer en booven ist saeken dat in desen Lande het jaegen niet goet soude syn, soo syn edogh veel delen in dat pratyk, die in alle landen moeten geobserviert worden. P. E. van de vyanden der byen, van de faselbyen, van de gesonde ende ongesonde byen en soo verders, daerom Leeser gebruykt dit pratyk, want ick volgens dit pratyk veele jaeren de byen, hebbe gehantert ende bearbeydt, maer eevenwel moet den byenman alle daegen nogh leeren of hy syne byen volgens het pratyk wil bearbeyden. — Vaertwel".
[12]

Eerste deel.

Capittel I.
Van de natuer der byen.

Disciepel vraegt: Wat is een bye?

Meester antwoort: De bye is een kleen vliegerken ofte vliegend insecte hebbende vier vluegels, ses beenen en twee hoerens op het hooft en is rouw over het lygchaem. De bye heeft eenen fynen rueck, want door den rueck onderscheyden sy de blommen, om haere kost te haelen; daer en boeven leert ons de ondervinding, dat de byen moeten hebben eenen fynen rueck, wandt komt daer honigh ontrendt de byen, terstont ruecken sy hem en koemen daer soo menigvueldigh, dat men haer niet kan aefweeren, tensy door de vluegt. De bye heeft ock een scherp gesieght, want door het gesieght viendt se haeren korf. En de ondervinding leerdt ons wyeders als eenen bye op een aender plaets gesaet woert en alsdan de byen beginnen te vlyegen, siet men dat sy eenen cirkel maeken om de plaets te besien; dit geschiet synde vlyegen sy terstont om haeren kost te haelen, en in korten tydt koemen sy weeder en door haer scherp gesieght vlyegen sy in den selven korf. De bye heft ook een scherp gehoer want in den korf is altydt eenen aengenaemen saenck of muesyk ter eeren van haeren koningh, en datter eene goede harmonie en regyeringe by haer is. Maer verliesen sy haeren koningh dan is alles ongerust, sy loepen bynnen en buytten den korf, om den koningh te soeken; vinden sy hem niet, soo verandert haeren saenck in een droevigh geween en gehuel, soodat een ervaeren byenman uyten saenck erkennen kan of de bye syenen koningh verloeren heft. Dat de bye een goed gehoer heft kan klaer geapprobert worden. Onderstelt dat twee huetten met byen niet ver van malkanderen staen; de een groet ende de ander kleyn; de groete huet sal wynnen en de kleyn huet sal verspelen; de reden is omdat die der groete huet een groeteren saenck maecken en vervolgens de jonge byen nogh geene vaeste vluegt hebbende, volgen altost desen groeten saenck en worden so van haer eygen huet verleidt. Dit moet aen het gehoer der byen toegeschrieven worden. Daerenboven als eene bye sal swaermen met jonge moeders, dese jonge moeders een oft twee daegen voor het swaermen syengen en flueten om de byen tot

[13]haer lyefde te kriegen en te trecken; dit was te vergefs, waere het saeke dat de byen geen gehoor en hadden. Daerenboven als de bye swaermt volgen alle byen den saenck van de moeder en daer de moeder aenflyeght versaemelen alle de byen.

D. Vr. Heeft Godt aen de byen ock gegeven een geweer en waepen gelyek aen de andere onredelycke gedierten?

M. A. Gelyek den voersygtigen Godt alle onredelycke gedierten een geweer en waepenen gegeven heft, gelyek den poëet synght:

Door den tant, men voor het beerken vreest,
De hoerens beschermen den os het meest;

also heft den voersygtigen Godt, aen de byen ock een geweer en waepen gegeven om haer tegen den vyand te beschermen, te weten een angel, dewelcke seer gyftigh is tegen den mensch en andere gedierten, die warm bloet hebben. Want men seydt dat desen angel door het vel in het vleesch penetreert, soodat het seer pynlick is en dickwyls door het gyft, het gestoken lid doet opswellen. Maer de gedierten die koudt bloet hebben, als voerssen, padden en vysch, doet dyesen angel geen schaeden.

D. Vr. Is diesen angel voor de byen noetsaekelyk?

M. A. Dyesen angel is voor de byen so noetsaekelyk dat sy sonder dyesen niet konnen leeven; daerom, stekt een bye en verliest den angel, so moet sij sterven.

D. Vr. Hebben de byen ock een hooft onder hetwelke sy staen?

M. A. Sonder twyffel ja en dit hooft is haeren koningh of moeder.

D. Vr. Waerom noemt gy het hooft der bye koningh?

M. A. Omdat hy, gelyck eenen koningh, der byen bestyrder is. En gelyck in een koningryck de welvaerdt is van de onderdaenen, dat sy hebben eenen goeden en vorsiegtigen koningh, also is het ock de welvaert van een bye, is het dat hy eenen goeden koningh heeft, en, gelyck in een koninghryck alle ondersaeten onder een hooft staen hetwelck sy moeten eeren en dienen.

D. Vr. Waerom wordt desen koningh ock moer of moeder genoemt?

M. A. Omdat alle byen van haer voortkoemen. Dit is sonder twyffel, want heft de bye geene moeder, so maekt sy ock geene jonge byen gelyck de ondervindingh leerdt. Oppent de moeder, men vindt in haeren buyck schraet, gelyck in vyschen; die noemt men schraet of [14]saet of neeten; dit werpt de moeder in de doppen der raeten; dit wordt door de warmte der byen bebroeyt en in korte dagen verandert de neete in eenen worm, lyeggende in wytte materry, gelyck melck. Ontrent aght daegen sluyt sy den dop en naer drie weecken is het een volkoemen bye. Dit leert ons de ondervyndinge, want verliest of ontneemt een bye sien moeder, naer dry weken vyndt men geene ofte luyttel broet.

D. Vr. Is de moeder kenbaer?

M. A. O ja! Sy is kenbaer, want sy is groeter als een bye, het aegterlyghaem is groeter of laenger. Sy is geelachtigh van kleur en heeft geen angel om te steecken, soodat sy seer kenbaer is aen den geenen die de konst van de byen verstaen hebben.

D. Vr. Wie de moeders maekt?

M. A. De byen konnen geene byen maecken, tensy sy van het saet der moeders hebben. Dit leerdt ons wieder de ondervindingh, wandt verliest oft ontnimt eene bye syn moeder, is het dat de raeten met broet ofte jonge byen besedt syn, so maecken de byen een ander soort van doppe als daer de byen in groeyen. Sy draegen het saet van de moeder in die doppen en uyt haer natuer brengen sy in 14 daegen volkomen moeders voorts, soodat de moeders aght daegen eerder volkoemen syn als de byen.

D. Vr. Zyn er ock nogh ander sort van byen als de moeders ende byen?

M. A. Ja, daer is nogh een ander soort, die dreenen genoemt worden; sy syn groeter als een bye, sy draegen geenen honigh en hebben geenen angel om te steecken. Men vindt se by de byen in het laetste van Mayus en verblieven ontrent den heelen Somer; de byen dooden haer duycwils doer den Somer en in den Herfst geheel.

D. Vr. Wye maekt de dreenen?

M. A. Of de moeders of de byen de dreenen maecken, dit is onsieker, want een bye die van syn moeder berooft is maekt dreenen.

Maer vermits desen kleender syn als ordineere dreenen, soo is waerschynlyk, dat de volmaekste dreenen van de moeder voorts komen.

D. Vr. Tot wat einde dienen diesen dreenen?

M. A. Dit hebbe ik tot nogh toe niet konnen ondervinden. Eenighe vermeinen dat de dreenen den man van de moeder syn en dat sy de moeder vergeselschappen als sy haer saet uytdeelt ofte de neste [15]in de raeten leydt; maer dat is waerschynelyk, aengesien dat de moer in het begin des lentens haer saet uytdeelt als geene dreenen by de byen gevonden worden; andere vermeenen dat sy de jonge moeren vruegtbaer maeken. Eventwel weet ik door de ondervynding, dat de jonge moeren sonder dreenen goet en vruegtbaer syn.

Andere vermeynen dat het waerschynlyk is dat sy het huys en den broet bewaeren terwyl de byen uytvliegen en honigh haelen, want de byen niet in den wynter maer in den somer honigh haelen en dan haer houden; want haelen de byen genen honigh meer, soo dooden sij haer. Eventwel is het syeker dat sy eenigsins nootsaekelyk syn, want:

Deus et natura non frustra operantur,
Godt en de natuer stellen niemant teluer.

Capittel II.

Van den arbeyt der byen.

D. Vr. Welk is den arbeyt der byen?

M. A. Den eersten arbeyt der byen is raeten maeken, in dewelke sy jonge byen maeken en den honigh inspyen en het blomsel afleggen. De jonge byen beginnen broet te maeken in het begin van Februarius, als het weer het toelaet, en duert door den lenten en somer tot het laetste van Augustus, omdat het honigh haelen dan gedaen is; daerom houden sy ock op met broet maeken. Den honigh suegen de byen uyt welriekende blommen, en soo balt sy thuys koemen spyen sy hem in de raeten, en als sy veel haelen, soo syegelen sy de tuytjens en de raeten toe; het blomsel haelen sy ock op de blommen, en draegen hetselve aen haer aghterste beenen, en in den korf koemende leggen sy het af in de raeten.

D. Vr. Wat is het blomsel?

M. A. Het is het brood voor de byen. Sy eeten het blomsel met honigh, gelyk den mensen het brood eet tot andere spysen.

D. Vr. Kan den bye alleen van 't blomsel leeven?

M. A. Niet het brood alleen houdt den mensch op de been, maer mit het brood eet den mensch andere spysen, krueden en vleesch. Alsoo den bye leeft niet alleen van het brood maer ock van [16]den honigh. Gelyck den mensch niet sterft van honger soo langh hy brood heeft, soo langh sal ock geene bye sterven, soo langh sy blomsel heeft.

D. Vr. Heb ik wel hooren seggen dat blomsel was is?

M. A. Dit is ongefondert, want de byen eeten het was niet, maer het blomsel eeten sy met den honigh. Dit leert de ondervinding, want is het saeken dat eenen uyt gegeten is, soo vyndt men even min blomsel als honigh. Daerenboven, als de byen weynig honigh haelen soo draegen sy het meeste blomsel en wercken weinigh in de raeten, maer haelen sy veel honigh soo draegen sy niet veel blomsel en sy wercken sterk in de raeten. Vervolgens moet het blomsel geen was syn maer brood. Dit kan seker door de ondervinding geapprobeert worden, want sluyt eenen swaerm plotseling in een liedigen korf soodat hy niet in kan vliegen of blomsel haelen, eventwel sal hy raeten maeken.

D. Vr. Waervan maeken de byen het was ofte de raeten?

M. A. Dit antwoort en dese vraeg kan mit seekerheydt niet beantwoordt worden, omdat alle gemeine saeken der byen, door de ondervindingh niet ontdekt syn. Maer soo veel als myn verstandt ofte gevoellen aengaet, soo suponeer ick vastelyck, dat de byen het was ofte de raeten uyt de natuer, gelyk een spin het wefsel maekt; en gelyck de ondervindingh leert dat de spin het aldermeest werckt als haer neering groet is, alsoo seydt men ock dat de byen den besten vortgang hebben als sy wel worden onderhouden ofte van bueten veel honigh haelen.

Capittel III.
Van den aert der byen.

D. Vr. Syn alle byen van een aert?

M. A. Alhoewel alle menschen en ock de onredelycke gedyrten ofte creatueren wel van een natuer syn, soo verschyllen sy dogh groetelyks in den aert der qualieteyten, want den eene mensch is veel neersamer, sterker, spaersamer als den anderen, alsoo is het ock met de byen; want de eene bye is neerstiger en spaersamer als de andere, de eene groeyt ock beter als de andere.

D. Vr. Geeft my eenige bemerkingen, aen denwelcke ick den aerdt der byen kennen kan. [17]

1mo. Bemerckt dat de byen syn van verscheyden qualyteyten; men heft boosaerdige byen, dewelcken men nauwelyks kan naederen om te voeren ofte besien sonder sy steken. Dese syn gewoenlyck nerstygh en groeyen wel. Om diese boosaerdigheydt te ontleeren, moet men dese byen dickwyls visiteeren en besien. Met rook van toebak ofte een ander londt tempteeren en bedwingen, en soo sullen sy al anders goedt worden.

2do. Bemerckt dat men roofagtige byen heeft, dewelcke altydt op den roof gaen vlyegen ofte onder huetten of wel onder haer eygen hut. Desen moeten sooveel het moegelyk is ontleerd woorden gelyck wy hier ofte daer naer zullen leeren. En soo men haer niet ontleeren en kan, moet men van dien aerdt niet behouden maer in den herfst dooden, omdat sy seer schadelyk syn voor den eygenaer en voor den eevenmensch.

3^{tio}. Bemerckt dat men vyndt kleinen byen en grooten byen. Welke van desen syn de beste? Dat heb ick tot nu toe niet ondervonden. Is het saeken dat eenen bye korten tydt honigh geeft, dat de grooten dan den meesten honigh dragen is seker, maer geeftet langen tyt honigh, soo wynnen de kleinen, omdat sy ordeneer neerstiger en meer aenhoudende syn.

4to. Bemerckt dat eenige byen wercken in het volck en vervoolgens ock in de raeten. Soo sy sterk in het volck wercken syn het vette jaeren, soo winnen sy merckelyk, maer syn het maeger jaeren soo wynnen het desen die in den honigh wercken en syn doorgaens beter gesloten. Welke ick van desen het meeste sal priesen en weete ick niet, maer het geraetsamste is van disen beyden soortten te behouden, opdat men soo in vetten als in maegeren jaeren honigh bekoomt.

5to. Bemerckt dat de byen van een boosaerdigen naetuer syn en daerom seer saegtsynnigh moeten behandelt worden, andersins steken sy seer ligtelyk, daerom moet een byenman als hy syn byen besiet niet aen stoeten met den korf, want sy worden ontroert en koemen terstont uyt den korf om sich te verweeren. Den byenman als hy syn byen besiet moet synen aessem ophouden, want omdat eene bye eenen fienen rueck heeft, isser niet arger om de byen te stueren als den aessem, besonderlyk als de byenman sterke dranken, als wyn, audt byer, brandewyn of jenever ofte eenige gebrande waeters gedronken heeft. [18]

6to. Bemerckt dat den eenen bye van aert beter is als den andere, daerom moeght men wel letten op den besten aert, om by voorkeur diesen op te stellen die van goeden aert syn.

Syn sy ock eeninge ponden lyegter ofte swaerder als die van soo goeden aert niet syn, soo moeten desen van goeden aert tot vaeselbyen gebruekt woorden.

Capittel IV.

Eenige observatie om de jaeren te kennen of sy vette ofte maeger syn.

D. Vr. J. S. bemerckt eenige teekenen aen dewelcken men kennen kan de goede ofte sleghte jaeren.

M. A. Het is zyeker dat niemant voorseggen kan ofte het een goet jaer sal syn of quaet jaer sal syn voor de byen, waent soo iemant soude onder het getal der valsen profeeten konnen gestelt woorden. Eventwel soo heeft men eenige observatie en ondervindynge, door dewelcken eenigen wyllen gissen of het een goet jaer of een quaet sal syn, maer dese gissingen syn ook niet onfeilbaer.

D. Vr. Leeren my dese observatie niet de planeten die dat jaer regeeren; aengesien dat desen, sommige kout, andere waerm, andere maer myddelmaetig syn, soo willen sy dat de jaeren ook aldus invallen?

M. A. Ick heb sulks geobserveert, maer ben groetelyks bedrogen gewoorden, want ick heb ondervonden dat de planeten bedriegen. Veronderstelt dat Luna regeerde, en een seer goet jaer was; seeven jaeren naer dit, als Luna weder regeerde een seer slegt jaer was en heel maeger, soodat dit wikwyls myslukt. Eventwel soo moet ick bekennen dat de waerme en aengename planeten veel beter voor de byen syn als de koude en onaengename planeeten; want gelyck de astrologen schrieven van de eerste planeeten, als daer Saturnus, omdat het is eene koude en onaengenaeme planeet, regeerde, ordeneer seer slegte byen syn geweest; maer in het jaer 1783 regeerde Saturnus ock, en de byen waeren seer goet en vet, soodat dit geensins voor eenen regel kan gehouden worden, want ick onder alle seven planeeten, goede en slegte byen gehadt hebbe. Anderen observieren de byen in den lenten en seggen, als de byen den honigh behouden en weynig verteeren, dat dit een teeken van een sleght jaer is, omdat [19]de byen uyt de natuer beter weten als den mensch ofte in den somer sal honigh vallen; maer vertert de bye in den lenten den honigh geheel, soo verwaegt hy in den somer nieuwen honigh; de ondervinding leert, dese observatie eenigsins gefondert te syn. Anderen observeeren de byen in den lenten of sy veel avanceeren, of sy veel raeten en volck maeken. Dit is een teeken dat sy in den somer ook veel honingh soecken te haelen, maer bederven sy den broet en werpen sy hem uyt en motten sy veel, het is een teeken dat er in den somer niet veel honingh vallen en sal, dese observatie is de waerschyenlykste. Andere en oude byenmans seggen, dat sy geobserveert hebben en ock ondervonden, is het saeken dat de byen dikken en stompe raeten maeken of gemaekt hebben in het vorigh jaer, dat het volgende jaer sal slegt syn, maer hebben sy teere gemaekt soo sal het naervolgende jaer heel goet syn. Jae veele observeeren op welcke plaets de byen de eerste raeten gemaekt hebben. Sy seggen dat men de byen dit volgende jaer naer die plaets moet vaeren, want sy daer den meesten honigh sullen haelen. Van dese saek weete ick geene andere reeden te geven als de ondervinding. Anderen seggen wanter veel eclypsen syn aen son en maen, soo valt in dat jaer veel honingh, van desen saek weet ik geene reede te geven. Maer nu een jaer dat my gedenkt, te weeten het jaer 1772 warender seer veel eclypsen, soo aen de son als aen de maen, en ik en heb geen beter jaer beleeft. Ook als dat aenderen willen seggen als er veel hop wast, dat het dan ook een goet jaer is, en ter contrarie wast geen hop zoo valdt ook niet veel honigh. Van desen saek souden eenigsiens reeden konnen gegeven woorden, want als geene hop waest soo vallen in het laesten van den lenten en in het begin van den somer swaer regen, waerna de bladeren blinkende eerst en daernaer swart woorden en vervalschen de hop soo datter weynigh stroy en hop waest. Desen regen syet men ook blyncken op de blaederen der boomen en bisonderlyk op de eykeboomen, en dan siedt men dat de byen op desen blaederen vliegen en aerbeyden, en niet goet bekoomen; het schyndt dat als deese vallen, datter dan geenen honigh op de boomen valt; men siedt ook dat de blaederen door den stormreegen worden afgewaessen, en dat daer de byen dan somtidts nogh wel honigh op haelen en de hop ock eene nyen waes bekoomt en wel hop waest; ik hebbe sulks door de ondervinding [20]geleerdt. Anderen observeeren in den Lenten ofte de naetuer veel douw geeft en de daegen of de lougt mals en waerm is, soet en aengenaem is, ondervinden sy sulks, soo sluyten sy, dat het een goet en vet jaer sal syn, dit is onder alle observatiën de waerschinlykste. De reeden is omdat den douw, die snaghts op de blommen valtt, in den dagh door die son en waermte tot honigh gedisteleert woordt. Is de loght soet en aengenaem soo konnen de byen den honigh met kleynen aerbeydt en moyeten versaemelen.

D. Vr. Desen observatiën souden die ook wel ydel konnen genomt woorden?

M. A. Neen sy kommen voorts uyt de natuer der byen die beeter als den mensch voorsien, of goede of slegte jaeren sullen voolgen; ook moeten geen "vanæ observasiones" genoemt worden, die op reeden en ondervinding gefondeert syn. Bemerkt dat de byen in veelen jaeren ook veel honigh souden haelen, maer sy woorden verhindert, dat sy den honigh niet versamelen, want sy woorden dicwyls belet, door den sterken wyndt ofte veel reegen of door de hitte. Den windt verdroogt, en verdoeft de bloem, de hitte maekt de bloem te droog, den regen maekt de bloem te waeteragtigh en verhindert de byen dat sy niet konnen vliegen, daerenbooven kan blexem en donder de bloem soo vervaelschen dat de byen geenen honigh meer en haelen.

Het tweede deel.

Capittel I.
Van de vyanden der byen.

D. Vr. Hebben de byen veel vyanden?

M. A. Jae sye hebben veel vyanden soo uytwendigh als inwendigh.

D. Vr. Welck syn de uytwendige vyanden der byen?

M. A. De uytwendige vyanden syn: mussen, hoorstelen, wespelen, mieren, spinnen, swaluven en meer andere, spegt, voorssen, meesen.

D. Vr. Wat quaet die mussen maeken?

M. A. De mus veroorsaekt dikwyls grooten schaeden aen de byen, want in den wynter als de byen vaest sytten, dan soeken de mussen op de plank, vynden sy eene opening, soo kruypen sy in den korf, jae sy bytten dikwyls door den raendt van den korf, sy verbytten de raeten, [21]en eeten den honigh, soodat sy meinigmael den geheelen bye verderven. Daerom moet eene byenman, den korf wel visenteeren of daer eenige openinge gevonden worden, die moet hy toesmeeren, of is den randt gebrooken, soo moet hy desen voor den wynter repariëren.

De meesen ofte byevreters en koomen in den korf niet, maer sy kloppen en hakken aen het tylgaet, en als de byen uytkoomen vangen en eeten sy haer, om dit quaet voor te koomen moet den byenman in den herfst het tylgaet wel stoppen met een plankje; daerenboven moet men als het gesneuwt is, met vallen ofte andere instrumenten, desen schadelyke voogels vangen en dooden.

Den spegt is in den strengen en langduerygen wynter ook seer schadelyk, want hy bydt door den ruegh van den korf, daer de byen den honigh bewaeren, hy eet den honigh en de raeten en bederft de byen. Om desen voogel af te weeren moet men dikwyls de byen berooken om hem te jaegen, ofte men moet allerhaende lappen aen de huet haengen opdat hy baeng woort en vliegt weegh.

D. Vr. Wat quaedt doen de quakvorsen en padden?

M. A. De padden en quakvorsen syn ook seer schadelyk, want sy klymmen den korf opwaerts, tot aen het thylgaet en eeten meynigvuldighe byen. Sy eeten de byen die voor de huedt liggen. En de paed, als de bye op de aerde staet, aerbeydt de aerde wegh, en gaet in den korf om de byen te eeten. Daerom moet den byenman 'savonts, als de schadelyke gedirten begynnen te koemen, naer de byen gaen, om desen gedirten te dooden.

D. Vr. Wat doen de mieren?

M. A. De mieren syn ook vyanden der byen en schaden de byen veel. Sy loopen in en om den korf en konnen sy by den honigh koomen, sy eeten hem. Is een bye in het nauw, sy doot haer; met een woordt sy plaegen de byen daegen en naeght. Als men dit ongluyk heeft van byen te setten waer desen myeren veel syn, dan moet men syn beste doen, om desen te verjaegen, met houtassen, of nogh beeter, meel van ongleste kalck; stroudt dit onder en om den korf, sy sullen vluegten, en de byen verlaeten. Hebben sy haer woonplaets ontrint de byen, bederft desen.

D. Vr. Wat quaedt doen de hoorstelen en wespelenn?

M. A. De hoorstel rooft de byen, sy eet den honigh, de wespelen [22]plaegen de byen veel, daerom zoekt haer nesten en verstoort haer, verplettert en verbrant haer jongen en raeten, want woorden sy niet gestoort, sy maeken jongen door den geheelen somer, soodat daernaer geheele swaermen van desen schadelyke gedirten syn.

D. Vr. Syn de spinnen ock vyanden der byen?

M. A. Eenen groeten vyandt, want sy spandt haere netten van alle kanten om de byen te vangen; bekomt sy een bye in haer net, sy weeft se vast en doodt haer, om den honigh en de ingewanden uyt te suegen, daerom moet men dese netten breeken en de huedt reynigen van het spinnenweefsel en de spin, sooveel het mogelyck is, dooden.

D. Vr. Wat doen met de andere vogels?

M. A. Wat aengaet de swaelven en andere vogels moet men verduldig syn, omdat wy dese onder onse magt niet hebben.

Capittel II.
Van den wolf der byen.

D. Vr. Hebben de byen eenen wolf?

M. A. Anno 1782 en 1783 heeft sygh vertondt, een gedirte hetwelck geenen mensch gedenkt van oyt gesien te hebben; maer uyt Duytslandt en Vranckryck hebben nieuwspapieren gemeldt, dat aldaer in de annales ofte jaerlyxe aenteekeninghen gevonden wierdt, dat ontrendt vóór hondert jaeren dit gedirt ock geregeerdt heeft en veel schade aen de byen veroorsaekt hadde, en het volgende jaer de pest onder de menschen gevolgt was, voor welck quaet den goeden Godt ons genaediglyk bewaert heeft.

D. Vr. Waerom noemt gy dit gedirte den wolf der byen?

M. A. Dit gedirte wordt genoemd den wolf, omdat het mit geenen anderen naem bekent is. Evenwel mag het mit regt den wolf der byen genoemt worden, want den natuerlyken wolf en kan onder de schapen, so groete schaede niet veroorsaeken als dit gedirt onder de byen.

D. Vr. Hoe sal men dit gedirt kennen?

M. A. Dit gedirt is eenigsins gelyck aen een wespel; het agterlyghaem is groeter ofte langer en volgens de coluer, matter als een wespel. Dit gedirt heeft wel een angel maer kan niet steecken; dit gedirt heeft twee hoerens voor het hooft, met dewelcke het de byen vangt en seer gevoelig niepen kan. Eventwel verschyllen dese gedirten van de wespelen groetelyks, want de wespelen hebben een angel om te steeken, sy wonen veel in een nest en maeken raeten in dewelcke sy haere jonge broeyen; maer dit gedirt woont alleen in sandagtige huevels en kleeften. Opent syn woonplaets, gy vindt veel doode byen en onder dese byen een wit wormken. Volgens apprensie is dit het saet en wasch van dit wormken of den jongen wolf.

D. Vr. Wanneer doet den wolf de meeste schaede?

M. A. Dit gedirt regeerdt pryncipael in seer waerme en droege tyeden; is het nat en koudt, soo is het slap en magteloos; het regeerdt aldermeest als den boekweydt bloyt, wandt de ondervynding heft my geleerdt, dat ontrent desen tyd (alhoewel het seer schoon weeder was) de byen in het warmste van den dagh geheel stil stonden ofte saeten gelyk in den winter; en smorgens vroegh en savonds laet sy scherp vloegen, omdat dit gedirt smorgens vroeg en savonds slap en magteloos was, waeruyt men klaer besluytten kan, dat, gelyk het schaep den wolf vreest, dat de byen, die geenen vyant vreesen, dit gedirt of den wolf vreesen. Ick heb van ondervynding, dat ontrent dien tydt, myne byen die in goeden staet waeren, in acht daegen geheel bedorven wierden; het volck was door den wolf gerooft, de motten wierden meester en hebben den broet soodaenig bedorven, dat de raeten uyt den nest syn gevallen, soodat niets goedts van de byen te verwaegten is; maer als de heydeblom bloeyde had dat gedirt weynig maght, soodat de byen op de heyde wel honigh souden gehaelt hebben, ware het saeken dat sy te voeren niet waeren bedorven geweest.

Capittel III.

Van den inwendigen vyand.

D. Vr. Welke is den inwendigen veyandt der byen?

M. A. Den inwendigen vyand der byen syn de motten en is veel erger als den uytwendigen. Sy groeyen in de nest gelyk jonge byen en veroorsaeken veel quaet. Sy maeken de byen laem en gebreklyk soodat vleugels of beenen mankeren en daerom onbequaem syn om te werken; dese worden dan van de gesonde byen uyt den korf gejaegt en moeten alle sterven. De mot doorbyt de raeten in de nest, [24]soodat sy onbequaem worden om jonge byen voorttebrengen, jae weeft de raeten by malkanderen, soodat de nest bedorven is en de byen haeren broet moeten uytwerpen.

D. Vr. Is daer geen myddel tegen diesen vyandt?

M. A. Ja, den neerstigen byenman moet in den Lenten letten als hy begyndt te koemen en door den Somer de byen visiteeren en reynigen en de motten dooden; want gelyk een kyndt niet gesondt is als het ongesiefer de overhandt heeft, alsoo heeft de bye, in welcke de mot is, geenen goeden voortgang.

D. Vr. Waerdoor ofte waervan komt de mot in de bye?

M. A. Dat heb ick door de ondervinding nogh niet geleerdt; maer men siet dikwyls, dat hy uyt aermoede voortkomt, dit evenwel niet altydt, want ick heb ondervonden, dat in byen die geenen aermoed, maer honigh genoeg hadden, evenwel aen mot onderworpen waeren, soodat de aermoede niet alleen de oorsaek van de mot is. Volgens myn gevoellen groeydt de mot in de byen, uyt de natuer gelyck hy in veel ander saeken groeydt waervan men geen reden kan geven, ofte waerschinlyk komt de mot van kleene wiette vladders, die men motsytters noemt; dese vladders groeyen van de motten, want als de byen de motten uyt haer nest verdryeven, dan setten sy haer tusschen de randen van den korf en bedecken haer. Uyt dese mot (als sy niet gedoot wordt) groeyt een vladder: dese komen in de maend Junius en vertoonen sigh ontrent den avondt, somtydts syn sy met de byen in den korf, somtydts syn sy buyten den korf. Diese vladders soo veel het mogelyk is moet men dooden, ook al eer sy een vladder syn. De korf moet gereynight en uytgeworpen worden, omdat niet ongefondeert is dat dese vladders saet uytwerpen, van hetwelck de mot groeyt. Want gelyk den syedeworm op rein papier syn saet uytwerpt hetwelck, in den lenten in de son gesteld synde jonge syedewormen voortbrengt, soo is het ock mit dese vladders, die in den lenten motten voortbrengen.

Het derde deel.

Capittel I.
Van het huys der byen.

Bemerckt dat de byen twee huysen hebben, een in hetwelck sy woonen, en dit noemt men het kaer ofte den korf; het ander dient [25]tot decksel van het eerste, en men noemt het den schop ofte de hut.

D. Vr. Van wat materie mackt men het kaer ofte den korf?

M. A. Van strooy met teyn of bremmen doorarbeydt. Desen korf maekt men plat in den koepel, opdat het kaer op het hooft staen kan. Men werkt van den koepels rande, altydt meerderende en in den sesden en sievenden randt het eerste tylgaet, dan nogh vyf randen een weynigh meerderende, en in den sesden randt het tweede tylgaet, daernae nogh vier randen soo sal den korf volmaekt syn.

D. Vr. Konnen de byen soo in den korf gedaen worden?

M. A. Neen, als de bye in het kaer gedaen wordt, moet het kaer ofte den korf wel voorsien syn met balken, die men rueselstekken noemt. Niemt om die te maeken sprockelen of ander houdt, schille hetselven en doet het in het kaer op de naevolgende manier; gy maekt boven in den koepel dry of vier stekken die drykantig syn soodat den platten kandt het boevenste van het kaer raekt opdat het kaer niet kan doorsinken, en dat de bye op den scherpen kandt aen wercken kan; opdat de bye maeke reght werk, neem een weynigh suever was, plakt het een halven vynger lengte op den myddelste stek, soo geschiet lyegtelyk dat sy reght wercken. Ontrent twee ad dry duem steekt eenen stek ofte een kruys, niet gelyk de boevenste volgens het tylgaet, maer dwaers door het kaer. Ontrent het eerste tylgaet steekt twee stekken ock dwaers, 3 ofte 4 randen laeger steekt wiederom twee stekken, en ontrent de onderste twee, al op de selve manier

D. Vr. Ick heb wel gesien dat den byenman een kruys in de kaer ofte korf maekte.

M. A. Maer diese manier van de kaer te rueselstekken schynt my veel beter als met een kruys. De eerste reede, omdat de bye gemakkelyker gekort en den honingh daer uyt gesnieden kan worden; want trekt 2 à 3 stekken uyt, soo kan men de bye genogsaem korten en ock den honingh uytsteken; ten tweede, de raeten syn vaster als sy in soo veel stekken syn vast gewerkt; ten derde, de bye werkt fraeyer en gelieker, want als een kruys in een raet komt onder een rueselstek, de bye werkt niet, tensey sy veel honingh haelt.

D. Vr. Ick kan opwerpen als de bye verkeert oft dwaers aerbeydt, soo sullen geen stekken houden. [26]

M. A. Dit is waer, maer een neerstig byenman moet syn byen visiteeren en sien hoe sy wercken; en ondervindt hy dat de bye dwaers aerbeyt, soo moet hy de stekken volgens de raeten steken, opdat de bye syn raeten vast arbeyt.

D. Vr. Wat sal ick doen, ist dat de bye geheel dwaers aerbeyt?

M. A. Gy moet een ander tylgaet maeken hetwelk met de raeten overeen komt, want een bye die dwaers aerbeydt is seer moeylyck om te hanteren en te bearbeyden.

Capittel II.

Van de byen-hut ofte schop in den winter.

D. Vr. Moet de bye een hut hebben in den winter?

M. A. Ja, behalven den korf oft kaer waer de byen in wonen, moeten die in den winter dack hebben, door hetwelck sy van reegen, haegel en sneuw bewaert syn; dit decksel noemt men de byenhut ofte schop.

D. Vr. Hoe moet dese hut getimmert worden?

M. A. Iemandt, die mit profiet ofte naer de konst wil byen houden, moet uytsoeken een bequaem plaets, op dewelcke de hut getimmert wordt, want aen de gelegentheydt der hut is veel gelegen, om in den lenten goede en gesonde byen te hebben.

1mo moet de hut getymmert worden op droogen en waermen grond, want als de byen uytvliegen om den kost te haelen, koemen sy dickwyls vermoydt naer huys, en vallen vóór den korf neer; is den grond naet en koudt, dan verstyven sy en sterven; maer is den grond droogh en waerm, soo staen sy wieder op en vliegen naer haeren korf.

2do moet de hut getymmert worden dat het voorste der hut staet naer het Suyd-Oosten, omdat dit den waermste wind is, en in den winter het meeste sonneschyn heeft; want de byen moeten door de waermte leeven.

3[tio] de hut kan ock wel een weynigh krom ofte gelyck eenen ellenboegh getymmert worden, den eenen vluegel ten Noorden en den anderen ten Westen, daer den storm dickwils groete schaede veroersaekt. [27]

D. Vr. Welcke hut is beter, van een ofte twee statiën?

M. A. De hut van een statie is volgens myn gevoellen, beter als van twee statiën; in den wienter kouder en in den somer veel waermer. De tweede reden is, omdat een hut van twee statiën ongelyke byen maekt, want de boevenste statie verliest gewoenlick; de oorsaek is, omdat de jonge byen, die naer het velt syn geweest, om den kost te haelen, vermoeyt wiederkeeren, eerder by de onderste als boevenste statie vallen.

D. Vr. Hoe moeten syn de gesteltenis van de hut van een statie?

M. A. De hut van een statie moet ock niet hoogh syn, omdat den sneeuw en reegen tegen de kaer jaegt. Om dit af te keeren, maekt men een kleyn afdak; in den wienter moet de son de geheele kaer beschynen, maer in den somer moet de son de kaer niet langer als tot 9, op het hoegste tot 10 uren beschynen; want als de byen de son tot in het midden van den daegh hebben, dan worden sy te waerm en konnen niet aerbeyden, maer sy loepen uyt de kaer, om logt te scheppen, sy besetten den broet niet, hetwelck oorsaek is dat de motten in de nest meester worden, bederven den broet ofte jonge byen, soodat sy genoedsaekt worden, om den broet uyttewerpen.

D. Vr. Wat moet nogh meer op de hut syn?

M. A. De hut moet ock voorsien syn met goede planken, op dewelcke de byen gestelt worden; dese planken moet men ontrent een voet van den grond ofte aerde setten.

Capittel III.

Van die hut in den somer.

D. Vr. Hoe moet de hut in den somer syn?

M. A. De hut in den somer moet op droegen en waermen grond staen, daerom hoegt men de plaets daer de byen gestelt worden op, opdat de byen bevrydt syn van waeter; men bedekt den bye met eenen roes tegen den regen. Heeft men eene geschikte plaets tegen een heg ofte houtgewas, het is beter als tegen eenen wal, want door een heg speelt den windt, en vervolgens blyeven de kaere beter droogh als tegen eenen wal.

D. Vr. Hoe maeke ick een hut in de heyde ofte Peel, waer men geen heg ofte wal en vindt?

M. A. Gy maekt een hut van roessen, soo hoogh als de kaer is [28]en legt eene roes op den koepel, opdat den regen van de byen wordt afgekeert.

D. Vr. Hoe sette ick de byen in den Peel ofte in de heyde?

M. A. Gy moet de byen niet setten, dat het tylgaet int Suyden ofte middaeg staet, wandt dan staen sy te waerm, ock niet int Noorden dan staen sy te kout; maer het beste is int Oosten, dit is niet te waerm, want de son verlaet de byen ontrent 10 ueren; het is ock niet te koudt, want de son beschyndt de byen den geheelen morgen, hetgeen genoeg is.

Het vyerde deel.

Capittel I.
Van de vaeselbyen ofte opsetters.

D. Vr. Wat noemt gy vaeselbyen?

M. A. De vaeselbyen syn die, dewelcke tot in den Lenten bewaerd worden om jongen van te bekomen.

D. Vr. Wat is te observeeren ontrent de vaeselbyen?

M. A. Gy moet ten eerste observeeren, dat de byen goet syn in de raeten en den honingh wel gesiegelt en gesloeten hebben, want lossen honingh hebben de byen terstont vertert. Ten tweeden moet gy wel observeeren ofte de byen ock moeders hebben.

D. Vr. Welcke syn de teekens door dewelcke ick erkennen kan ofte de bye eene moeder heeft?

M. A. Dit kondt gy beproeven; is het saeken dat gy met toebakrook ofte met een lont, de byen uyt haeren nest verdrijft, en siet gy broet, het is een teeken dat de bye eene moeder heeft; maer kondt gy geenen broet meer vinden, het is twyffelagtygh ofte de bye eene moeder heeft en wilt gy dese bye houden voor een vaeselbye, jaegt haer uyt; siet gy de moeder, soo syedt gy ock seeker. Op sulke manier moet een voorsiegtyg byenman, alle syn byen bespueren dewelcke voor vaesel worden gehouden, opdat gy geene opset ofte sy syn van eene moeder verseekert; want set een bye op die geene moeder heeft, soo vint gy in den Lenten een liedig kaer, want de byen, omdat sy geene moeder hebben, verliesen en vervliegen en den honingh is van de andere byen gerooft. Dese beproeving doet gy in [29]het laetste van Augustus en in het begin van September, omdat de byen in dien tydt nogh broet hebben.

D. Vr. Wat moet ick nogh meer observeeren ontrent de vaeselbyen?

M. A. Gy moet ook wel observeeren de kaer, die gy onder de hut stelt, dat sy niet egael syn. Gy moet beneffens een dat met teyn gewerkt is, een dat met bremmen gewerkt is plaetsen; gy moet soovel verschil soeken, als het mogelyk is. De reden hiervan is, dat de byen een scherp gesieght hebben, en door het gesieght haer kaer kennen, en daerom niet soo groot peryckel is, van haer moeder te verspelen.

D. Vr. Verspeeldt de bye ock haere oude moeder?

M. A. Niet soo lygtelyk als eene jonge. Edogh leert de ondervindingh, dat in den herfst en wynter als de byen geenen broet hebben, dat de moeder ziek wordt, en dickwyls verspeeld wordt. Laet ons onderstellen, dat er geene peryckel was voor de oude moeren, soo is het doch voor de jongen.

Het vyefde deel.

Capittel I.
Van de ponden der vaeselbyen.

D. Vr. Hoe swaer moeten de byen syn die men opset?

M. A. De vaeselbyen weghen 26, 28, 30, 32, 34 tot 35 pond. Het syn goede van 25 tot 30. Niemt men de beste anders maer, aengesien dat men ten alle tyeden, soo niet kan hebben. Daerom moet gy somtydts mynder of meerder nemen, volgens de jaeren, somtiedts myddelmatige jaeren. In de myddelmaetige jaeren syn de beste vaeselbyen, in de vette jaeren syn sy te swaer, soodat sy 45 tot 50 pond wegen, die te swaer syn om op te setten, omdat een byenman te veel moet reskeeren, want eene bye, die 50 pond weeght, kan syne moeder verspeelen en vervolgens niets uytwerken. Onderstelt hy houdt syn moeder, soo leert de ondervinding, dat sulke bye synen honingh bewaert, genen voortgang maekt, ja dat hy niets en doet en in den aenstaenden herfst veel weyniger ponden heeft als in het vroegjaer.

D. Vr. Wat doen ick met eene bye die te swaer is?

M. A. Niemt het byen mesch (heeft hy een hoegsel breekt het [30]uyt) snydt soo veel honingh uyt tot dat hy de ponden heeft van een vaeselbye, want de ondervinding leerdt dat het seer goet is.

D. Vr. Wat doen ick in maeger jaren als de byen te slegt syn?

M. A. Syn het maeger jaeren, dan is het een konst om deselve wel door den winter te brengen: in dese jaeren moet gy wel letten dat de byen goede en genoegsaeme raeten hebben, dat den honingh (alhoewel het luttel is) eventwel goet geslooten en gesiegelt is; vreest gy dat sy den winter niet konnen doorkomen, soo moet gy in het laetste van November als sy geenen broet meer maeken, eenen keer wel voeren ofte laeven, met een goede raet ofte bak honingh, vermits dat sy ontrent dien tydt den lossen honingh vertert hebben en aen den vasten moeten beginnen, soo spaeren sy nogh eenigen tyt den gesiegelden honingh; dit moet ock wel geschieden ontrent Kersmis als het weer sulcks toelaet. Daerenboven moeten sulcke byen in het begin van Februarius worden gevisiteerd, is er geenen honingh in soo moeten sy omgejaegt worden, waervan wy later sullen handelen; hebben sy nogh honingh, bindt een raet tusschen haere raeten, opdat sy onderhouden worden en haeren vasten honingh spaeren.

Capittel II.

Wat nog moet geobserveert worden.

Wat moet ick nogh meer observeeren in het opsetten der byen?

M. A. Den byenman, als hy syn byen opset moet observeeren dat de kaer op de plank wel sluyt en geen opening blyft, want diese opening geeft aen de musschen en aen de roevers een occasie, om in het kaer te koemen en het is in den wienter ock te koudt, omdat den wiendt daer door waeydt.

D. Vr. Wat sal ick dan doen, nogh meer als het kaer op de planck niet goedt sluyt ofte past?

M. A. Legt eenen swaeren steen ofte hout op het kaer om nieder te drukken en om te doen sluytten, helpt dit niet, soo moet gy met kalck ofte ander maeterye de openinge sluytten ofte stoppen.

D. Vr. Wat moet ick nogh meer doen?

M. A. In October stopt het tylgaet met een plankje en smeert hetselve soo toe, dat maer een bye naer de andere kan uytkomen, dit is goed om de vyanden der byen afteweeren en dat de byen in den winter niet veel vliegen. [31]

D. Vr. Wat moet ick in den winter aen de byen doen?

M. A. Niets als goet bewaeren tegen den regen ofte sneeuw. Als veel sneeuw valt, sult gy 6 of 7 voet breedt den sneeuw van de hut wegwerpen, opdat als sy vliegen en vallen, sy beter konnen opstaen, want vallen sy op den sneeuw, sy syn terstont verstieft en dood.

D. Vr. Magh ick als het sneeuwt myne byen wel stoppen?

M. A. Ick kan geensins approbieren dat men by langduerigen sneeuw de byen soude stoppen, want de byen worden ongesond en konnen sich niet uytmesten, soodat sy sich van binnen vuelmaeken, en als sy lang syn gevangen geweest, en opent haer, dan vliegen sy soo sterk, dat sy op een dagh meer volck verspelen, als wanneer sy altydt met het tylgaet hadden open gestaen.

D. Vr. Is het dan noyt geraetsaem het tylgaet te stoppen?

M. A. Het tylgaet stoppen voor een ofte twee dagen, kan ick niet inapproberen bisonderlyk als er veel sneeuw legt, want het gebuert, dat de son klaer en waerm schiendt en alsoo de byen veel volck souden verspelen, want sy door de son uytgelokt, was het saeken dat sy niet gestopt waeren.

Het vyfde deel.

Capittel I.
Van het vuylmaeken der byen.

Bemerckt dat dit deel niet en is van vuyl byen door dat den honingh rot is, want dit is arger als dat de byen sigh vuyl maeken. Maer in strenge en langduerige winters, als de aerde langen tydt met sneeuw bedekt is gebuert het, dat de byen aen het tylgaet, en wat nogh arger is, van binnen, het kaer en de raeten vuel maeken.

D. Vr. Welck is de oorsaek van dit quaedt?

M. A. De oorsaek van dit quaet is dikwils de gelegentheydt van de hut, omdat sy al te veel int Oosten staet, en van Noorden- en Oosten windt niet genoegh bewaert is, want dese byen, door de groete koude, konnen sigh weynigh beweegen en bewaeren het mest ofte vuyligheydt, het verbrandt by haer, en sy worden heel dik en sterven. [32]De reden is omdat sy te weynig son hebben, en daerom seer selden vliegen om sigh uyt te mesten.

D. Vr. Ick heb byen gesien die in het Suyden stonden, eventwel sigh vuyl maekten.

M. A. Het is waer, dat het ock gebuert dat byen die in het Suyden staen sigh vuel maeken, maer selden; dit komt omdat de bye haer noetsaekelykheydt niet heeft, te weten: dat haer het broet mankeert, ofte dat den honingh te waeteragtygh is. Daerom moet gy geen swaerm opsetten, die laet in den somer gekomen is, omdat sy niet genoeg broet hebben ofte den honingh te waeteragtigh is, want ontrendt den herfst is hy niet soo kragtygh als in den somer.

D. Vr. Is het vuyl groot quaet voor de byen?

M. A. Jae het is seer quaet, want dese byen doen selden goet; willen sy uytvliegen, door de mattigheydt vallen sy op den grond, versteyven en sterven; jae de een sterft naer de ander, en is er nogh een gesonde bye in het kaer, die vlugt om den stank en vlyght by anderen, soodat dykwils de geheele kaer sterft en blyeft sy in het leven, sy doet selden goedt.

D. Vr. Kan ick diesen bye verbeteren?

M. A. Jae, gy moet den bye uyt het vuyl kaer jaegen en heeft hy geen gesonde moer, soo neemt eene andere gesonde (die volck te veel heeft) by de moer, geeft haer anderen honingh, soo sal hy wel werken en goedt doen. Maer heeft de bye die sigh vuyl gemaekt heeft veel volck, suyvert het kaer en tylgaet soo veel het mogelyk is en voert hun ouden honingh, dan sullen de byen weder gesondt worden en werken. Sommigen willen dat men eykelen sal stoeten ofte puleverseeren en vermengen dit meel met den honingh, dit soude goet syn; anderen willen dat men sout soude kleyn vrieven en dat door het kaer in de raeten strooien. Doch souden de byen door het sout van haer vuyligheyd gesuyverd worden? Sommigen hebben wederom andere middelen en recepten, maer volgens myn opinie, dunkt my goet te syn al hetgene dat stopt.

Het sesde deel.

Capittel I.
Van het reynigen der byen en visitieren der selven naer den wynter.

D. Vr. Wanneer moet ick de byen visitieren?

M. A. In het laetste van Februarius ofte in het begin van Maert [33]moeten de byen gevisitiert worden en gereynigt, want in den wynter maelen sy van de raeten, om honingh tot haer onderhoudt te bekomen; ock liggen dikwiels veel dooden byen onder het kaer. Alle reynigt gy van de plank, op een schotel; gy ondersoekt de doode byen ofte de moer er onder is. Vindt gy de moer, soo is de bye ofte een van de naebuerige byen moerloos. De bye moet ock beproeft worden ofte sy een moer heeft ofte niet.

D. Vr. Hoe sal ick een bye beproeven ofte sy een moer heeft?

M. A. Is het saeken dat gy op de plank jonge byen vindt; syn sy volmaekt, het is een teeken dat de bye een moer heeft, want sonder moer konnen geene jonge byen syn. Soo moet gy met toebaksrook ofte met een lont, de byen op roeken, en sien ofte sy broet heeft. Siet gy broet, het is een teeken dat de bye een moer heeft; vindt gy geenen broet, dan moet gy naer 10 ad 12 daegen, de bye wiederom visitieren, ofter ock jonge byen op de plank liggen. Vindt gy der geen, probeert de bye op deselfde manier als boven. Vindt gy nogh geene broet, soo is het peryckel dat de bye geen moer heeft, want ontrent dien tydt moeten de byen broet hebben ofte maeken. Eventwel moet sy naer eenige daegen wiederom geprobeert worden, tot dat gy sieker sydt dat de bye geene moer heeft.

D. Vr. Wat moet ick nogh meer observeeren in het visitieren der byen?

M. A. Gy moet observeeren, welcke byen te veel ofte te weynig volck hebben, want de byen die te weynig volck hebben konnen niet veel wercken. Die te veel hebben, syn te spoedig uytgegeten. Daerom moet gy lappen, en die te veel volck hebben ontniemen en geven aen die te weynig hebben. De bye heeft te weynig volck als hy geene drye raeten beset, en sal niet veel werken, als hy niet geholpen wordt.

D. Vr. Hoe sal ick dat lappen het beste doen?

M. A. Niemt eenen back met honingh, stelt hem onder de byen die volck te veel hebben, en als de byen op den back sitten om den honingh te eeten, neemt den back en stelt hem onder de byen, die te swaek syn; doet dit soo dickwils, tot dat sy volck genoegh heeft. Is het vroegh in den tydt, als de byen geen vluegt gemaekt hebben, soo kan de gelapte bye op de selve plaets bleyven staen; maer hebben de byen de vluegt gemaekt, soo moeten sy weghgedragen worden, [34]anders souden sy wieder naer ofte tot het selfde kaer, daer sy uyt genoemen syn, terug vliegen.

Het sevende deel.

Capittel I.
Hoe men eene moerloose bye in den lenten helpen kan.

D. Vr. Hoe sal ick een moerloose bye helpen?

M. A. Ondervindt gy dat gy eene moerloose bye hebt in den lenten, gy moet ondersoeken ofte de moerloose bye veel ofte weynig volck heeft. Heeft sy weynig volck, jaeght haer uyt en werpt haer by eene bye die een moer heeft, maer luyttel volck, dan sal dese wel werken. Maer heeft sy veel volck, soo dat sy wel bestaen kan en vroeg in den tydt, te weten in Maert ofte Apryl, dan voert eene andere bye sterk, opdat sy de raeten wel met broet beleggen kan. Jaegt dese bye uyt en jaegt de moerloose bye er in, en werpt de moerloose in het kaer dat met broet voorsien is, dan sal sy een moer maeken, gelyk ick geseydt hebbe in myn eerste deel, te weten dat de byen een moer konnen maeken, als sy het saet van de moer hebben. Jae sommige seggen, dat men een raet die met broet voorsien is uyt eene andere bye sal niemen, en die in de moerloose bye sal vaest maeken, soo sal de bye op dese raet moeren maeken. Hoe veel beter, is het saeke dat de bye in een kaer komt, dat geheel met broet voorsien is; de andere byen, die met een moer voorsien syn, werpt gy in de kaer van de moerloosen; is het dat er nogh wel honingh in dit kaer is, anders werpt dese byen op nieuwen honingh. Ondervindt gy niet eerder als in Mayus dat de bye moerloos is, soo voerdt eene andere wel, opdat sy de raeten vol broet maekt, en dan jaegt weynig volck met de moer af, en werpt de moer met de byen op de moerloose bye, en laet de andere nieuwe moeren maeken; soo bekomt gy by tydts jonge moeren, dewelcke groot profyt doen, gelyk wy hiernae sullen aentonen.

Het aegste deel.

Capittel I.

Van de roovers en vyanden der byen.

D. Vr. Wat syn roovers?

M. A. De roovers syn somtydts byen van de selfde hut, somtydts [35]syn sy van andere hutten; alhoewel sy door den geheelen lenten en ock somtydts in den somer syg laeten sien, soo syn sy nooyt arger als in het begin der lenten, als de byen beginnen te vlygen en geen blommen hebben om haeren kost te haelen; dan geven sy malkander een vysiet, maer soo goet, dat sy malkander overvallen en geheel van den honingh beroven; ock dikwyls dooden sy de overvallene, daer ordeneer diese byen, gering van volck syn.

D. Vr. Ick heb oyt gesien en gehoort dat er menschen syn die de byen iets voeren, opdat sy op andere byen souden gaen rooven.

M. A. Dit en weete ick niet hoe het is, maer is het dat er sulke menschen gevonden worden, dan syn dit onkristelyke menschen. Ick noem dese menschen onkristelyk, omdat sy groetelyks sondigen tegen de liefde en de regtvaerdigheydt Godts, want ten eersten sondigen sy tegen de liefde, die ons leert:

Quod tibi non vis fieri alteri ne feceris.
Dat gy niet en wieldt dat u geschied
Doe dat ock aen uwen naesten niet.

Wie is er die soude willen, dat sulks aen hem soude geschieden; ergo doet het niet aen uwen evenaesten. Het is ock groetelyks strydigh tegen de regtvaerdigheydt, wanneer sy willens en wetens expresselyk haeren evenmensch willen beschadigen; vervolgens syn sy gehouden, alle schaede die haeren evenaesten overkomt, te restitueeren en te herstellen; ick heb nooit ondervonden dat er sulke boosaerdighe menschen syn en daerom kan ick niet geloven, dat er sulke onder de kristenen gevonden worden; maer was het saeken dat sy gevonden wierden, men soude met gewelt syg tegen desen mogen versetten, want;

Licet vim vi repellere.
Die tot my komen met gewelt

Tegen dese staen ick in het velt.

Capittel II.

Van de middelen tegen de roovers.

D. Vr. Door wat middelen keer ick de roovers?

M. A. Daer syn veel meer observaties en middelen om se niet te bekomen, als om deselve afteweeren: ten eerste, om se niet te bekomen [36]is een goed middel, dat gy uwe byen wel digt houd en op de plank moeten geene openingen syn; gy moet het thylgaet soo kleyn maeken dat er maer een bye uyt en in kan komen, bisonder vroegh in den lenten, als de byen eerst beginnen te vlyegen en nogh niets bekomen konnen; ten tweede, moet gy geene raeten in dewelcke eenigh honigh in is voor de hut brengen, want dit is een aenloksel voor de roovers; ten derde, moet gy seer voorsigtygh syn in het voeren, dat er geenen honingh voor de hut gestort wordt, ofte met de vingers, als sy honingagtigh syn door het voeren, dat gy daer de kaer mede aentast, ofte de kaer met honingh besmeert, nogh de vingers aen de hut ofte aen het graes afdroogt, want dit syn aenloksels voor de roovers.

D. Vr. Door wat middelen sal ick de roovers afweeren?

M. A. Daer syn veel middelen; is de bye gestopt gelyk ick geseydt hebbe, dit niettegenstaende wordt sy van de roovers overvallen; niemt de bye wegh en stelt een liedig kaer op de plaets; laet de roovers op dit kaer aerbeyden, als sy niets vinden sullen sy haest vertrecken, en ondertussen voert de bye een weynig, en als hy den honingh gegeten heeft, soo steldt haer ontrent vier ueren naer den myddagh wyderom op haere plaets, sy sal de roovers keeren. Wordt sy wyederom overvallen, soo siet ofte het een bye uyt uw eygen hut doet.

D. Vr. Waeruyt weete ick dat het een bye van myn eygen hut doet?

M. A. Dat kont gy weten is het dat sy sterker vlygen dan de anderen, maer prynsipael saevons ontrent sons ondergank moet gy observeeren by welcke bye sy vlyegen, die van de overvallen bye komen. Vindt gy haer soo opent haer tylgaet, dan moet sy haer eygen huys bewaeren tegen de roovers. Daerenboven voert eenige daegen niet, soo sal haer de dartelheydt om te rooven wel over gaen; helpt dit niet dan moet gy den roover ofte de overvallen bye wegdraegen. Maer koemen de roovers van een ander hut, en gy kondt haer niet keeren, dan moet de overvallen bye weggedraegen worden.

D. Vr. Ick heb gesien dat de roovers langs de geheele hut waeren.

M. A. Om dit quaet voor te komen, doet de doeken onder de byen, stopt het tylgaet, voert de byen, maer niet meer als sy konnen opeten, laet se gestopt tot den anderen dagh ontrent den avondt, en dan opent haer; sy sullen de vyanden keeren. Helpt dit niet, stopt [37]wederom, mengt den honingh met urin, en laet se wiederom soo lang gestopt staen. Helpt dat niet, soo voerdt haer des morgens, voor den opgang der son; maer niet meer, als sy om aght uren hebben opgegeten. Helpt dit niet, voert ontrent aght uren, maer voor de thylgaten, om dat op dien tydt ontrendt de roovers koemen; sy sullen haer wel dapper weeren en veel dooden maeken; anderen willen dat men met melk van een suygende vrouw de thylgaeten sal besmeeren, en dat de roovers terstondt sullen vertrecken en weg vlyegen. Dit alles is sonder faebel mits ondervinding. Maer helpen alle dese middelen niet, dan moet men vluegten en brengen de byen naer een ander plaets, om dan den groote schaede van wiedersyts voor te koemen. Maer dese plaets moet soo ver afgelegen syn, dat de roovers haer niet vinden, en de byen niet wieder komen.

Het negende deel.

Capittel I.

Van het voeren en laeven der byen.

D. Vr. Wanneer moet men de byen voeren?

M. A. Ick hebbe in het sesde deel gesproken, van het visenteeren der byen, ofte sy een moer hebben; soo ock moet men visenteeren ofte sy ock nogh honingh hebben. Heeft de bye in February geenen ofte weynig honingh, soo is het geraetsaem, dat gy sulke uytjaegt en haer nieuwen honingh geeft, want sulke bye kost alteveel honingh en werkt weynig. Maer heeft sy nieuwen honingh, soo staet dese bye wiederom eenen maendt en somtydts langer, naer advenant, dat sy weynig ofte veel volck heeft sonder voeren. Heeft de bye nogh eenigen honingh soo dat den byenman oordeelt dat bestaen kan, dan moet hy begynnen te voeren ofte laeven, hetwelcke in den tydt geschieden moet met raet-honingh, die men by ofte tusschen de raeten steekt, opdat de bye, den honingh, die sy in het kaer heeft spaert, tot dat het quaet weeder wordt. Wandt heeft de bye geenen honingh in haer kaer als het quaet ofte kout weer is, dan bederft sy alles, jae sy sterft somtydts van armoede. Daerom moet gy voeren als het goet weer is, opdat de bye den honingh nooyt geheel verteert. Is het saeken dat gy uwe byen soo swaer hebt opgeset, dat sy voor Maert ofte Apryl niet moeten gevoert worden; dat is seer goet, want het vroegh voeren doet weynigh profydt. In den maendt Apryl moet [38]gy de byen beginnen te voeren, veel ofte weynig, naer advenandt dat sy sterk ofte swak van volck is, ofte de byen nogh veel ofte weynigh honingh besitten. Want het is seeker dat eene bye die veel honingh heeft, niet soo sterk moet gevoert worden als eene die den honingh ontrendt verteert heeft. Dat ock eene bye, die swak van volck is niet soo veel van noede heeft, als eene bye die sterk van volck is, want eene groete huyshouding behoeft meerder als eene kleyne, dit moet ten allen tyde in het voeren geobserveert worden. In den maent Mey, moet geenen honingh gespaert worden, gy moet altyt voeren naer het profyt gelyk ick geseydt hebbe, want in het laetste van Mayus ofte in het begin van Junius, moeten de byen gejaegt worden.

D. Vr. Moet ick in desen tydt ock iets observeeren?

M. A. Jae seecker. Gy moet observeeren ofte die byen van buytten wel bydraegen, want haelen sy honingh, soo kont gy spaersamer voeren, maer haelen sy geenen honing, dan moet gy sterk voeren.

D. Vr. Wanneer moet ick het meeste voeren?

M. A. Ontrent dien tydt, als den appelenboom en den haagdoorn bloeyt, moeten de byen het meest gevoert worden, omdat de ondervynding leert, dat ontrent dien tydt, de byen den minste ofte weynigste honingh haelen. Dese blommen door haeren sterken ruek lokken de byen, soodat sy veel vlyegen, maer weynig honingh bekoemen, en haer seer vermoeyen, en daerom wiederkeerende naer huys, moeten sy eeten en syg versterken, sullen sy aerbeyden. Daerenboven is dit den tydt, dat de byen de meeste jonge byen bekomen, die ock moeten eeten. Jae als den tydt van jongen a-enkomt, konnen de byen nooyt te veel gevoert worden, opdat sy de raeten wel met broet beleggen.

D. Vr. Naer het jaegen, moeten de byen dan nogh sterk gevoert worden?

M. A. Niet soo sterk als voor het jaegen, omdat de bye van de moer beroeft synde, geene jonge byen maekt; eeventwel moet de bye nogh eenigsins gevoert worden, om de jonge byen die daegeliks bykomen, te voeden.

D. Vr. Als het quaet weer is, moet ick de byen dan sterck voeren?

M. A. Eenige syn van gevoelen, dat in quaet weer de byen niet veel moeten gevoert worden; sy geven als reden, dat de bye die te sterk gevoert wordt, te veel vlyegt, en dan haer volck verspeeldt, [39]maer ick ben van contrarie gevoelens, dat de bye in quaet weer moet gevoert worden. De reeden is, omdat de byen in quaet weer niet konnen bydraegen om te wercken, en daerom wel moeten onderhouden worden. Laet ons onderstellen (dat de byen sterk gevoert synde) meer vliegen, dan syn sy ock sterker en vallen niet soo lygtelyk en ock niet soo veel, als wanneer sy niet gevoert en magteloos syn. Verliest sy de een ofte de ander, sy maekt soo veel te meer jonge byen; daerenboven leert de ondervynding, dat, als de byen in quaet weer niet gevoert worden, dan worden de motten meester en de broet bederft en in menigvuldigheydt, door de aermoede, moet sy de broet uytwerpen. Maer heeft de bye nogh honingh in het kaer, soo houde ick ock, dat gy de bye niet soo sterk behoeft te voeren, ofte moet voeren.

Het tiende deel.

Van het korten in den lenten.

D. Vr. Moeten de byen in den lenten ock gekort worden?

M. A. Daer syn veel byenmans die de byen in den lenten, als de kerssen bloyen, sterk korten, jae door de nesten weg te snyden tot aen de broet; maer dit improbeere ik om verscheyden redenen.

1mo gy beroeft den bye van goede raeten, in denwelken hy synen broet konde maeken, hetwelk hy nu niet en kan doen, te weten by gebrek aen raeten.

2do is het saeken dat het quaedt weer is, soo kan den bye geene nieuwe raeten maeken, maer arbeydt alles toe, soodat hy niet lengen kan of nieuwen raeten maeken kan, maer maekt moerdoppen gelyk eenen moerloosen bye.

3^{tio} moet eenen gekorten bye meerder gevoert worden, opdat hy nieuwe raeten sou maeken. Wat maekt hy dan? Dikwyls meestal drenen, onbequaem om byen te maeken, en gy hebt haer van goeden raeten beroeft, soodat ik dit korten niet kan approbeeren.

D. Vr. Wat doen ik als eenen bye te veel raeten heeft?

M. A. Hebt gy eenen bye, die soo vol raeten is, dat gy niet en kondt voeren, kort desen bye sooveel, dat gy eenen back kondt ondersetten. Maer hebt gy eenen bye die vol raeten en volck is, soodat gy hem niet kondt voeren; syn de raeten goedt, kort haer niet, maer steldt een hoegsel onder den bye, opdat gy haer kondt voeren.
[40]

D. Vr. Is het korten der byen in den lenten altydt goedt?

M. A. Ik kan het korten in den lenten niet geheel improberen, want hebt gy eenen bye die eenen bedorven nest heeft, omdat de motten de raeten door byeten, en daer staen in den nest veel dreenenraeten, soo moet den bye gekort worden, opdat sy eenen beteren nest maeken. Of heeft den bye sooveel raeten, en soo weynigh volck, dat hy de raeten niet en kan leevendigh maeken, soo kort haer eenigsiens, maer niet veel, opdat sy genoegsaem raeten behouden, om broet te maeken.

Het elfste deel.

Capittel I.
Van het eerste swaermen en jaegen.

D. Vr. Wanneer swarmen die eerste byen?

M. A. In het laesten van Mayus en in het begyn van Junius, bereyden sich de byen om te swarmen en soo voorders.

D. Vr. Hoe weet ick dat eenen bye sal swaermen?

M. A. Dit ondervyndt gy. Is het saeken dat gy de byen met rook opjaegt, observeert de moerdoppen of neeten of nattigheydt in desen doppen is; want dat is eene teeken, dat den bye sich bereydt om te swaermen, maer syn de doppen gesloten of toegemaekt, dan kan de bye swaermen alle daegen, daerom moet den byenman van de hut niet gaen, opdat den bye by goet weer niet wegh en vlyegt, hetwelk grooten schaeden soude syn.

D. Vr. Wat is beter, het swaermen of het jaegen?

M. A. Eenige minnaers der byen syn van gevoelen, dat het swaermen beter is als het jaegen, en sy geven de redenen, omdat het swaermen is volgens de natuer, en het jaegen is gedwongen en met gewelt, en daerom seggen sy, is het swaermen beter als het jaegen.

Het is waer, dat het swaermen is volgens de natuer, en het jaegen gedwongen, eventwel om verscheyden redenen is myn opinie, dat het jaegen beter is als het swaermen, daerom sal ick de redenen daervan voorstellen en aengeven. Is het dat eenen bye sich bereydt om te swaermen moet men haer daeglyks gaen observeeren, andersiens vluygt sy wegh, men sal twee drie daegen op haer passen, den vyerden of op eenen anderen daegh swaermt hy en vlyegt wegh. [41]Bereydt den bye sich om te swaermen dan jaeg ick hem, als het my gelieft en hebbe ick geenen peryckel van hem te verliesen, swaermt eenen bye, hy vlyegt te groet aef, soodat den stok der oude byen nauwelyks bequaem is om syn broet of jongen byen waerm te houden en te besetten.

Jaeg ick den bye, soo niem ick sooveel volck als het my behaegt, en geve den byen sooveel wiederom dat sy haere broet wel besetten kan. Swaermt den bye, dan behoudt men soms byna den geheelen swaerm en dan is den tweeden swaerm te kleyn, en den stok is somtieds bedorven. Jaeg ik den bye, omdat hy te veel volck behoudt, dan is de tweeden swaerm groodt ofte is hy kleyn, soo swaermt hy nogh eens. Als men den bye wil laeten swaermen, soo geschiedt het dikwyls, dat de byen geheel bereydt syn om te swaermen, maer door de veranderynge vant weer, dat sy niet swaermen en konnen, sy verdryeven of verderven dan de moeren en staen 14 ad 15 daegen eer sy swaermen; somtieds swaermt de bye niet, als in een onbequaemen tydt, als den tydt van swaermen gepasseert is en de byen moeten honingh haelen. Is den bye gejaegt, als het weer toelaet, dan swaermt sy den 14 of 15 dagh, jae het geschiedt dikwyls dat den gejaegden bye, geswaermt, gekort en de jonge moer neeten maekt, en den anderen nogh niet geswaermt heeft. Om desen en anderen redenen is volgens myn gevoelen, het jaegen beter als swaermen.

D. Vr. Is het jaegen altydt beter als het swaermen?

M. A. Neen, ick kan het swaermen niet geheel afkeuren; maer is somtydts seer goedt en geraetsaem. Ten eerste als het kwaede lentens syn en de byen op haeren tydt niet gejaegt konnen worden, omdat sy te gering syn; wandt jaegt gy de bye eer sy bequaem is, dan is alles bedorven. Den jaeger kan goedt syn maer den swaerm en stok bleyven te kleen en komen laet; daerom is het dan beter die volgens syn natuer te laeten arbeyden. Ten tweede, als den byenman niet wel voorsien is met honingh, en in den lenten niet veel honingh valdt, dan moet hy patientie hebben en voeren volgens syn gevoelen ofte vermogen, en laeten de byen arbeyden volgens haer natuer; want het is seeker, dat een bye die niet gejaegt is, sig beter onderhoudt als eene gejaegde bye, omdat sy meer volck heeft en meer kan haelen. Ick laet dese redenen "pro et contra" [42]een ieder overwegen, en verkiesen hetgeene in gegeven oogenblikken het beste is, en daerom vaere ick voorts om die konste des jaegens voor te stellen.

Capittel II.
Van het jaegen der byen.

D. Vr. Wat moet ick doen voor het jaegen?

M. A. Wilt gy eenen bye jaegen, soo moet gy eenige dagen voor het jaegen, de byen wel voeren opdat sy haer raeten met broet en neeten wel beleggen.

D. Vr. Wanneer moet ick den bye jaegen?

M. A. Gy moet visiteeren, ofte den bye veel volck heeft, gy moet sien ofte hy sich begint te bereyden om te swaermen; dit kont gy beproeven, uyt de teekens die ick in het voorig Capittel geseydt hebbe, want heeft den bye dese teekens, jaegt hem sonder vreesen.

D. Vr. Hoe moet ick den bye jaegen?

M. A. Als gy den bye wilt jaegen, stelt de bye met den koepel op den grondt, set een lyedig kaer boven op den bye, gy bindt eenen doek daerom die beyde de kaeren raeken, opdat geen byen konnen uytkoemen; gy niemt yeseren klampen, en maekt se in beyde de kaeren vast, dan dobbelt den bye met den koepel op den grondt, draeyt de bye met, en stoet het liedig kaer op den grond, datter eenige byen in vallen, opdat naer desen saenk de byen en de moer beter opwaerts gaen; alsdan set het kaer op eenen stoel. Dobbelt en slaet rontom den koepel; als gy dit eenigen tydt gedaen hebt dan opent het thylgaet en blaest rook in het thylgaet ofte in het kaer, daer naer dobbelt en slaet hoeger om het kaer, en als gy eenigen tydt gedobbelt hebt rookt de bye nogh eens, en heeft de bye een hoegsel, dan rookt haer nogh eens; in het tweede thylgaet slaet en dobbelt nogh eenen korten tydt, dan draeyt de bye en stoet het leedigh kaer 2 ofte 3 mael op den grondt; maer haelen de byen honingh, dan mag men niet stoeten opdat den honingh niet uytvallen mag maer men moet langer jaegen. Opent eindelyk het kaer en dekt den stok, op datter geene vreemde byen in komen, verdeelt de byen in twee ofte dry kaeren en soekt de moer; als gy de moer vindt, dan is alles goedt, maer vindt gy de moer niet, soo moet gy den bye nogh eens [43]opsetten en op nieuws jaegen, tot dat gy de moer viendt. Maer hebt gy ontrent al de byen uytgejaegt en de moer nogh in den stok is, dan werpt eenige in den stok, jaegt wederom, opdat sy met dese bye magh uytkomen. Kont gy de moer niet bekomen, soo werpt dan alle de byen wyederom in den stok en probeert dan eenen anderen dagh, ofte gy de moer bekomen kont. Hebt gy de moer bekomen, soo niemdt soo veel byen by de moer, als gy dunkt noetsaekelyk te syn tot eenen jaeger.

D. Vr. Hoe veel byen moet ick nyemen voor een jaeger?

M. A. Dit moet gy leeren door het pratyk, maer eenen jaeger, die vroegh in den lenten gejaegt is moet niet soo veel volck hebben, als die gejaegt worden ontrent St. Jan; want geeft gy te veel volck aen den eersten jaeger, dan swaermen sy lyegtelyk.

D. Vr. Wat doen ick naer het jaegen?

M. A. Het jaegen gedaen synde, dan neemt men den bye, snydt met een scherp mes de dryenen den koppe af, want andersins als den bye geswaermd heeft, syn te byen te veel uytgeswaermt en in den ouden stok syn niet als drenen, onbequaem om te werken. Dit gedaen synde, werpt de byen in haeren stock en stelt hun op haeren voorgen plaedts.

D. Vr. Wat moet ick nogh in het jaegen observeeren?

M. A. Als gy den bye niemt om te jaegen dan moet gy een liedygh kaer op de plaedts stellen, omdat de byen die in het veldt syn en naer huys wiederkeren, niet vervlygen, en van anderen niet gedoot worden. Opdat sy beter invlyegen, moet gy sien naer de gelykheydt van de kaeren, is het kaer oudt dat gy jaegt, soo moet gy een oudt kaer op de plaedts stellen, is het een nieuw steldt ock een nieuw op de plaedtse.

D. Vr. Wat doen ik nu?

M. A. Dit alles geschydt synde soo werpt de byen by dewelke de moer is, in eenen honingh, met waeter besproydt om de hitte, doet eenen doek op het kaer ontryndt den avondt, brengt den jaeger eenighe distansie van de hut. Omdat de byen gedwongen syn, daerom keeren sy gaerne tot haer vorige plaedts, en den jaeger wordt te kleyn. Op syne plaedts geset synde, opent het tylgaet maer steekter een plankje voor, opdat roovers hun niet en overvallen.

D. V. Moet ik nogh iet aen den jaeger doen? [44]

M. A. Als den jaeger 3 ad 4 daegen gestaen heeft, dan moet gy den doek daeruyt doen; gy siedt of hy goedt werkt. Want maekt hy dreenenraeten in den nest, die moet gy uytwerpen omdat hy andersiens te veel dreenen maekt. Of maekt hy kromme raeten, die met de andere niet overeenstemmen, dan moet gy desen tuyssen de vingers of met deselven drayen opdat den bye regt werkt. Dit dunkt my van de jaegers voorshands genoegsaem te syn. Dus tot in het vervolgh.

Capittel III.

Van de swacken byen die op haeren tydt niet konnen gejaegt worden.

D. Vr. Wat doehe ick met eenen bye die te swaek is om te jaegen, opdat hy swaermen?

M. A. Desen bye moet eventwel gejaegt worden, maer als gy den bye gejaegt hebt, dan geeft hem een jonge moer. Neemt den bye desen moer aen, dan wordent wel goede byen.

D. Vr. Hoe doehe ik met desen bye opdat hy de moer aenneemt?

M. A. Jaegt den bye ontryndt avondt, neemt eerst eenen goede jaeger, daernaer verdylt de anderen byen, datter eenighen in den stok blyven. De andere werpt in een leedyg kaer, sett de moer by desen byen, laet se dan den heelen nagt lyggen dan hebben dese byen de moer lief; smorgens vroeg werpt de byen met de moer in den stok, dan sal hy de moer aenniemen.

D. Vr. Wat doen ick, is het dat den bye soo swaek is, datter geenen jaeger kan afgenomen worden.

M. A. Jaegt den bye om tegen eenen ouden stok, die alteveel uytgeswaermt is en op syn selven sonder hulp niet bestaen kan.

D. Vr. Hoe doeh ik dit?

M. A. Om dit wel te doen, soo jaegt den uytgeswaermden bye geheel uyt syn kaer, en soekt of hy syn moer heeft. Vyndt gy de moer, de saek is seer goedt gesondt, jaegh ock den swaeken bye geheel of sooveel het moegelyk is uyt en soekt ook de moer, vindt gy de moer, dan verwysselt de kaer, werpt de moer van den ouden bye met de byen in den uytgeswaermden bye en de anderen moer met de byen in den ouden stok, en stelle jeder moer op haere plaets.

Bemerckt dat dese byen moeten gevoert worden, als het buetten [45]geenen honingh geeft, den eenen om de bykomende jongen byen te voeden, en den anderen om te arbeyden.

D. Vr. Ick hebbe geene byen tegen dewelken ick kan omjaegen?

M. A. Bewaert een kleyn swaermke, steldt dit op een plaets, waer gy hetselven wyldt laten staen, jaegt den omgejaegden bye geheel uyt, zoekt of gy de moer hebt; desen gevonden hebbende, dan werpt het swaermke in den ouden stock en steldt hem op syn plaets, werpt de byen met de moer in eenen honingh of leedygh haer, en stelt desen op syne plaets, waer hy eerst gestaen heeft.

D. Vr. Waerom hebt gy alle desen bemerkingen gemaekt, is het niet beter dat den byen blyft staen en werken volgens de natuer?

M. A. Neen, omdat de ondervindynge liert dat de byen die niet gejaegt worden in dit landt selden soo blyeven, maer dikwyls als sy honingh op den boekweydt sullen haelen dan blyven stylstaen en swaermen, soodat den tydt van honingh haelen voorby gaet. Maer is den bye op synnen tydt gesepareert, soo is daernaer geen peryckel van swaermen. Maer is het saeken dat voorsyegtyghe byenman suponeert, dat den bye niet sal swaermen, soo doet hy seer wel, dat hy den bye jaegt, want veel kaeren maeken den honing niet, maer sterken byen maeken hem.

Het twaelfde deel.

Capittel I.

Van het swaermen der byen.

D. Vr. Hoeveel soorten van swaermen syn er?

M. A. De swaermen syn van twee soorten. Eenighen noemt men eerste swaerm en anderen naer-swaerm.

D. Vr. Waerom noemt men desen de eerste swaermen?

M. A. Omdat sy met eenen oude moer swaermen en hebben maer een moer, daerom eerste swaermen. Den bye moet gy syen als gy hem afdoet of de moer in het kaer is, dan sullen de anderen byen terstond volgen.

D. Vr. Wat doen ick als 2 of 3 eerste swaermen byeen vlyegen?

M. A. Gy moet wel voorsigtigh syn dat de moeren sich niet moorden. Om dit voor te komen moeten de byen in veel kaer gedaen worden, gy moet de moer zoeken. Vyndt gy twee moeren in een [46]kaer, gy moet een vangen en doen haer by de byen die der geen hebben. Gy moet soolang arbeyden, tot gy in soovel kaeren moeren hebt, els er byen geswaermt hebben.

D. Vr. Als den eersten swaerm te groodt afflyegt, gelyk gy in u eerste deel geseydt hebt, wat doen ik dan?

M. A. Als gy den eersten swaerm in het kaer doet, soekt de moer. Als gy haer gevonden hebt, dan vlugt met het kaer, dan sullen de byen wyederkeeren naer den bye van denwelcke sy gekomen syn.

D. Vr. Kan ick ook te veel ofte ver vlugten?

M. A. Neen, de ondervinding heeft my geleert, dat ik eenen swaerm kan afdoen 3 ad 4 hondert stappen van de hut, uyt hetwelck den bye gekomen is. Als ick met den swaerm gaen vluegten sullen de nerige byen, soover wieder tot haer voorge plaedts wyederkeeren en dan kan men bespueren waer denselven van daen is gekomen.

D. Vr. Volgen sy dan altydt de moer?

M. A. Ja, soodat gy haer niet en kondt afweeren. Laet haer al by vlyegen, maer ontrindt den avont.

Verdeylt de byen en soekt de moer, doet dan sooveel byen by de moer, dat uw dunkt dat den swaerm groet genoegh is. De anderen byen werpt wyederom in den stock, soo kan den bye eene goeden naer-swaerm laeten. Daerenboven moet gy observeeren, dat de byen die eerst swaermen, den 8, 10 of 12 daegh daernaer, gelyk het weer toelaat, wyederom swaermen, omdat de jonge moeren ontrynt dien tyd vlueg syn.

Capittel II.

Van de swaermen der gejaegden byen.

D. Vr. Wanneer swaermen de gejaegden byen?

M. A. Den gejaegden bye swaermt ordineer den 14^{den} daegh naer de jaegt omdat zyne moeren niet eerder bereydt syn.

D. Vr. Hoe doen ik met den swaerm?

M. A. Swaermt den gejaegden bye en vliegt alleen aen, soo doet haer in een kaer en leght haer op een koel plaedts, opdat de hitte hem niet plaegt en geen ander swaermen byvlyegen.

D. Vr. Wat doen ick als veel swaermen op een plaedts aenvlyege?

M. A. Doet den byen ock in veel kaeren; vindt gy maer een moer [47]in het kaer, soo legt hem op een koel plaedts. Blyft hy in het kaer, het is een teeken dat hy met syn moer tevryden is. Vlyegt hy wyederom uyt het kaer soo moet gy haer er wyederom in doen. Dit moet gy doen alle keeren dat sy tevreden syn.

D. Vr. Is dit genogsaem?

M. A. Neen, maer ontryndt den avondt moeten sy gevisiteerd worden welke te groodt of te kleyn syn, opdat sy gelyk egael worden. Syn sy alte kleyn, dan maekt van de twee eenen, of van de drye twee, en behoudt een moer. (Waervan ik daernaer spreken sal). Dit moet ten allen tyeden gedaen worden, als de swaermen te kleyn syn, want eenen bye die te kleyn is doet niet veel goedts.

D. Vr. Wat moet ik meer doen?

M. A. Werpt de kleynste op den honingh en de groetste in een liedig kaer. Als gy voor alle geen honing hebt, stelt haer op een bequaem plaets. Het is niet noetsaekelyk dat gy haer van de hut brengt, want sy keeren niet wyderom gelyk de jaeger. De plaets, op dewelcke gy de swaermen stelt moet niet te waerm syn, want de ondervinding leert, dat sy op eene koele plaets beter arbeyden als op een waerm ofte heette plaets.

Capittel III.
Hoe de naerswaermen moeten staen.

De naer-swaermen moeten niet neffens elkander staen, gelyk de eerste swaermen en jaegers; maer stelt de kaer vier ofte vyf voedt van elkander, als gy de plaets hebt, opdat sy de moeren niet verspelen; om de selfde reden moet gy ock ongelyke kaeren niemen, want de moeren, om dat sy nogh onvrugtbaer syn en nogh geenen broet maeken, weeren en spelen alle daegen voor de kaer; staen nu dese kaeren by elkander, ofte syn sy egael ofte al te gelykvormig, dan is groet peryckel dat de moer in een ander kaer vlygt en wordt gedoot.

D. Vr. Hoe weete ick dat een swaerm syn moer verspeelt heeft?

M. A. Dit sult gy ondervynden. Is het saeken dat gy naer myddagh, om dry ofte vier ueren voor de byen gaedt, en viendt gy één bye, die om het tylgaet in- en uyt het kaer loopt, het is een teeken dat de moer verspeelt is. [48]

D. Vr. Hoe sal ick desen swaerm helpen?

M. A. Visiteert terstondt de kaeren die neffens den moerloesen staen. Vindt gy byen die syg vast houden, werpt haer uyt het kaer op den grond, want de moer is by dese byen; leeft sy nogh, dan set haer by den moerloesen swaerm en sy sal terstont rusten. Maer is de moer doot, gelyk dykwils geschydt, dan moet gy een ander besorgen en tragten den bye te helpen.

D. Vr. Wat doen ick opdat den swaerm de moer wel aennieme?

M. A. Gy moet den swaerm beroeken, opdat hy geheel dol worde en dan sal hy de moer wel aenniemen. Andere myddelen en manieren om de byen de moer wel te doen aenniemen, sal ick int vervolg wel leeren.

D. Vr. Ick heb wel gesien, dat den swaerm de moer verspeelt hadde, bisonderlyk als hy in een liedig kaer is, uyt het kaer vliegt, en by syn naebueren in vliegt, soo dat dese te groot wordt; wat sal ick doen?

M. A. Ontniemdt hem het overvloedig volck, (niet de moer), stelt by dit volck een ander moer, is hy niet tevrieden, dwingt hem met eenen doek voor het kaer, tot dat hy de moer lief heeft. Werpt hem in het selve uyt hetwelck hy gevlugt is; dan hebt gy wiederom uwen swaerm, maer gy moet hem op eenige distantie van die plaets naer een ander draegen. Want om dat de byen haeren vlugt daer hebben, sullen sy wiederkeeren naer de bye, van dewelcke sy met gewelt syn afgenomen.

Capittel IV.
Eenige bemerkingen voor de liefhebbers der byen.

D. Vr. Welck syn dese bemerkingen?

M. A. Wilt gy in den lenten vroeg moeren hebben, die somtydts groot profyt maeken, soo ondersoekt de byen, en als gy een bye vindt die veel volck heeft, voert hem veel in het begin van Apryl, soo kont gy veel int begin van Mey jaegen, soo swaermt hy half Mey.

D. V. Als hy door het quaet weer niet swaermen kan, wat sal ick dan doen?

M. A. Als de bye begint te fluyten, en om het quaet weer niet swaermen kan, jaegt hem en niemt soo veel moeren als gy viendt. [49]Geeft den bye een wiederom, als sy geen in het kaer heeft. Niemt by dese moeren ock eenige byen, laet haer liggen in een gestopt kaer tot dat sy de moer hebben aengenomen, dan doet haer op eenen honing- ofte in een geruselstekte kaer, waer een raedt honingh in gepyndt is, draegt haer naer eene andere plaets, voert haer nu en dan, soo wordt diese moer vrugtbaer, en is soo goedt als een oude moer. Daer naer helpt dese moer met andere byen, soo wordt het een volkomen bye binnen eenen korten tydt.

D. Vr. Wat is er nogh te bemercken?

M. A. Ist het saeken dat naer het jaegen, om het quaet weer, de byen niet konnen swaermen, dat gy dese manier ock gebruyken kont, jaegt de byen geheel uyt, vindt gy wel moeren, laet eenige by den stok en doet eenige by de andere byen, opdat sy kiesen konnen als sy de moer hebben aengenomen; dan doet gelyk geseydt is, maer dese byen moeten wegh gedraegen worden om dat sy gedwongen syn.

D. Vr. Moet ick nogh iets meer bemercken?

M. A. Jae, gy moet alle swaermen die vroeg komen, behouden en werpen haer op nieuwen honingh, opdat de moeren vrugtbaer worden, want de eerste moeren winnen het altydt, omdat se eerder syn en eerder nieuw volck hebben. Met den laetsten swaerm kont gy haer helpen; hoe dit moet geschieden sullen wy daer naer leeren, als wy spreken van het lappen.

Het dertiende deel.

Van het bewaeren der moeren.

D. Vr. Wanneer ofte waerom bewaer ick de moeren?

M. A. Om dat de swaerm en de oude stocken nae het swaermen, dikwyls de moer verspelen; daerom moet den mynnaer der byen besorgt syn, dat hy in dien tydt altyt moeren heeft.

D. Vr. Waer bekome ick dese moeren?

M. A. Dese moeren bekomt gy van den naeswaerm, die gewonelyk meer als eene moer hebben. Als den swaerm in de kaer is, dan jaegt gy de moeren die gy te veel hebt. Grypt dese en doet haer in een doosken, met een weynig honingh, stelt haer op eene waerme plaets, en visiteert dikwyls ofte haer iets mankeert, ofte set haer in een [50]busken in hetwelck is een ofte twee gaetjes en legt haer onder een gejaegde bye, die nogh moet swaermen; dese onderhoudt haer soo lang, tot dat sy swaermt. Maer wyl sy niet meer swaermen en de moeren doodt die sy te veel heeft, soo moet gy de moer wegniemen en onder een ander bye leggen, want sy wordt anders ock gedoot. Om dese moeren beter te bewaeren, soo doet de moer by eenige byen, set haer in een kleyn ofte groot kaer, pyndt een raet honing int kaer, laet se vlyegen met een kleyn tylgaet, maer gy moet haer nauwkuerig observeeren en dikwyls visiteeren, ofte sy den honingh verteert hebben. Dan moet gy haer een weynig geven, maer niet veel, want geeft gy veel, soo dyserteert sy, geeft gy haer te weynig soo vergaet sy van armoede.

D. Vr. Hoe maek ick dese moeren?

M. A. Dese moeren kondt gy het beste maeken van swaermen, die te groot of te kleyn syn; is den swaerm te groot, soo siet ofte hy meer moeren als een heeft; heeft hy meer als een dan ontniemt hem één, met een weynig byen; wil sy niet te vreden syn, legt haer gevangen tot den anderen dagh. Maer smorgens moet gy haer in een ander kaer doen, in hetwelck honingh is, en laet haer gevangen tot ontrent den avont. Heeft de byeswaerm maer een moer, ofte is het dat gy haer niet veel kondt visiteeren ofte sy meer moeren heeft, dan niemt eenige byen en set een moer by dese; hebt gy geene, dan visiteert de byen die geswaermt hebben, en sie ock ofter nogh meer swaermen moeten en ofte sy bequaem moeren hebben. Dan niemt een van dese moeren en doet gelyk ick voor geseidt hebbe. Is den swaerm te kleyn, dan niemt de moer met eenige byen, maer dese is niet nootsaekelyk om gevangen te lyggen, want dese byen syn by haer eygen moer, waermede sy lygtelyk tevriede syn. De overige byen werpt gy by den swaerm die gy lappen wildt. Hoe dese moeren moeten gebruikt worden sal in het vervolg geleert worden.

1mo Bemerkt dat de moeren, die men bewaert met eenighe byen, moeten staen, buyten den vluegt der byen, die men daermede lappen wil, want staen sy te kort, dan vlyegen sy naer haer vorige plaedts, of maekt de moer geen neeten dan vluygt sy alle daegen buyten het kaer en maekt den vlugt naer het oude kaer welke sy wyederom soekt, als sy te naer bystaen.

2do Bemerkt dat desen moeren, drye of vyere schrydt moeten van [51]malkanderen staen, omdat (als gy haer gebruykt) de byen die wiederkeeren by de anderen konnen invlyegen. Of gy suldt eenen swaerm bij de moeren stellen, dan konnen alle byen dewelken wiederkeeren by den swaerm invlyegen.

Het vyertiende deel.

Van de laemen dolle en onvrugtbaere moeren.

D. Vr. Wat doen dese moeren?

M. A. Het geschiedt dat den bye wel een moer heeft, en evenwel niets goeds uytwerckt. De reden is ten eersten omdat de moer laem is, dat been of vluegel mankeert, vermiets dat desen verminkte moer haer saet of nieten niet uytdelt als het behoert; daerom maekt sy weynig of niets goeds. Ten tweede is de moer somtyds dol en werpt meer neeten als één in de doppen, dese moeren maeken eenighe goede en eenighe quaede broet. Ten derde is de moer onvrugtbaer, als sy niet en maekt, nogh goede nogh quaede broet. Dese allen worden genoemt quaede moeren.

D. Vr. Welck syn de teekens van een quaede moer?

M. A. Gy kendt de quaede moeren, ist saeken gy haeren broet observeert. Maekt den bye weynig doch goeden broet, het is een teeken dat sy laem is; maekt sy eenighe verloren en eenigh goeden broet, het is een teeken dat de moer dol is. Maekt sy niets, het is een teeken dat sy onvruigtbaer is. Maekt den bye niet als verloren broet, dan sal hy wel geenen moer hebben. Gy leert de quaede moeren ock kennen uyt het werken, want sy ordeneer meer dreenen als byenraeten maeken; ook maeken sy geduerig nieuwe moeren, maer geen komen tot volmaektheydt, op de een plaets maeken sy en op de ander bederven sy de moeren.

D. Vr. Wat doen ik met desen moeren?

M. A. Desen quaede moeren moeten afgedaen worden, en ander goede in de plaedts gegeven worden. Is het dat gy in het begin van den somer dit ondervyndt, als de byen noch swaermen, en gy nogh andere moeren hebt, neemt se wegh; maer ondervyndt gy het niet eerder als ontryndt Augustus, als de byen in het principaal honigh haelen syn, dan doet gy beter en laet den bye syn moer behouden omdat de nieuw moer niet kan baeten, want sulke bye draegt soowel [52]honingh als eene andere, jae somtyds beter; als het honing haelen ontrynt gedaen is, sluyt en syegelt hy synnen honingh ook seer wel, en hy heeft geen jonge byen te voeden en te onderhouden, gelyck een bye die eenen goede moer heeft. Bemerkt dat sulke byen noydt konnen opgeset worden, alhoewel dat hy het gewygt wel soude hebben. Niet alleen desen moeten tot geen vasel-byen gebruykt worden, maer ock aen dewelke gy eeninghsins twyeffelt, want de ondervynding leert dat de moeren, die desen somer syn slegt geweest, ock in het toekomende jaer geheel quaet syn en niets maeken.

Het vyftynde deel.

Van het korten der byen naer het swaermen.

D. Vr. Wanneer kort ik de byen?

M. A. Als den bye drye weeken gejaegt is, dan is den broet prinsepael getrokken, evenwel wagt men wel tot den 24sten ad 25sten daegh eer men de byen kort.

D. Vr. Hoe korte ik de byen?

M. A. Om dit wel te doen, soo jaegt de byen al of het meesten deel in een liedigh kaer, en steldt dit kaer op die plaedts, waer den bye gestaen heeft, dit doet gy opdat gy in't kordten geen byen sult quetsen of dooden; daerenboven kont gy de moer soeken, vyndt gy haer soo siedt gy sycker dat den bye een moer heeft.

Sommige jaegen de byen met rook van de raeten om haer te korten; desen manier is ock goedt als den bye niet veel volck heeft en geen perykel bestaet van de byen te quetsen.

D. Vr. Wat moet men meer observeeren in het korten der byen?

M. A. Als gy den bye kort moet gy wel observeeren of hy veel of weyningh volck heeft, want alle byen moeten niet op een manier gekort worden. Heeft den bye veel volck en goede raeten in het kaer, soo moet gy den bye weynigh korten, besonder als er honingh valdt; want berooft gy den bye van syn raeten als hy honingh moet bydragen, dan heeft hy geen plaets om den honing te bereyen. Is de bye weynig van volck, dan kort haer soo veel, dat sy haer raeten wel kan besetten en leeventig maeken; want heeft de bye meer raeten als sy besetten kan, dan versterven de raeten en worden swart en grys. Als gy begindt te korten, steekt eerst uyt het nest [53]een raet; visiteert of in dese raet ock nieten syn. Vindt gy nieten, dan moet gy de bye niet of seer weynig korten, want dit is al te grooten schaden. Maer vindt gy geene nieten, dan kort de bye naer proportie, als ick te voren geseydt hebbe. Als gy de bye dan gekort hebt, dan steekt een raet uyt het mydden van het nest, tot in den koepel van het kaer, opdat gy de vromheydt van de bye kennen kont; want is hy vrom ofte heeft hy eene moer, voert de bye eens goed, dan moet hy lengen of nieuw raeten maken; siet gy dit, dan moet gy wel observeeren of het byen of dreenen syn, het is geen seeker teeken dat hy haer moer heeft. Maer maekt de bye raeten, dan heeft hy een moer; gy moet in het korten ock wel observeeren, ofter ock gesloeten broet in de raeten is, dese moet nauwkuerig ondersogt worden, of het een leevende of doode bye is. Leeft sy nogh of is sy dood? Is het geen bye, maer vuyligheydt, dit is seer quaet, en een teeken dat de bye vuel of ongesondt is, van welcke saek daer naer sal gesproken worden. Vindt gy dit veel, soo moeten alle raeten in dewelcke dit gevonden wordt, uytgekort worden. Uytgekort synde, moet gy hem voeren, opdat hy nieuwe raeten kan maeken. Dit voeren moet veel of weynig syn naer advenant dat de byen honingh haelen.

Het sestynde deel.

Van het verspelen der moeren.

Bemerckt wat ick geseydt heb in het twaelfde deel van het verspelen der moeren en van de naerswaerm. Dit moet ock aengewent worden voor de gekorte byen.

D. Vr. Wanneer verspeelt de bye de moeren?

M. A. Als de bye gekort is en dikwyls te vooren verspeelt de bye de moer; jae de bye swaermt syg ock moerloos. Als gy ondervyndt dat de bye syg moerloos geswaermt heeft, dan moet gy den swaerm of een deel van den swaerm, wiederom een moer geven, dan is hy terstont geholpen.

D. Vr. Hoe weet ick dat de bye haer moer verspeelt heeft?

M. A. Den minnaer der byen moet dikwyls voor de hut gaen, om te sien of de bye de moer verspeelt heeft; dit kan hy sien, is het dat de bye loopt om het tylgaet en kaer etc. Dikwyls geschiet het [54]dat de bye haer moer verspeelt dat gy het niet en siet, daerom is het niet genoegh dikwyls voor de hut te gaen, maer gy moet de byen inwendig visiteeren, of sy de moer verspeelt hebben. De teekens aen dewelcke gy eene moerloose kendt is den vremden saenk en gehuel, het loopen der byen uyt malkanderen door het geheel kaer als gy haer opricht, en als men siet dat sy op de raeten moerdoppen maeken in plaets van nieuwe raeten. Maer aengesien, dat alle dese teekenen nogh twyffelagtyg syn, daerom moet eenen beteren raedt aengenomen worden, te weten: voert de bye seer sterk. Heeft sy een moer, soo moet sy lengen of nieuwe raeten maeken; doet de bye dat niet soodat gy twyffelagtig blyft, jaegt de bye geheel uyt haer kaer, en ondersoekt of sy een moer heeft. Vindt gy dan geen moer, dan is het een seeker teeken dat sy geen moer heeft.

Het seventynde deel.

Van het helpen der moerloosen.

Bemerckt gy en syt gy versiekert dat de bye geen moer en heeft, dan moet gy haer tragten te helpen, want eene moerloose bye doet geen goet.

D. Vr. Hoe helpe ick eene moerloose bye?

M. A. Is de bye weynig van volck, die haer moer verspeelt heeft en hebt gy een kleen swaermke, werpt dit by de moerloose bye. Doet dit op de naervolgende manier; rookt de bye dat sy dol is, werpt ock een weynig honingh op de raeten en over de byen, en dan stoot het swaermke in de moerloose bye. Doet eenen doek onder het kaer, schut de byen door malkander en laet het kaer een korten tydt op op den koepel staen, opdat de byen door malkanderen loopen en syg lief kreygen; dan stelt de bye wiederom op haer plaets, en hy sal geholpen syn. Dit geschiet het beste des avonds, opdat de roovers niet komen en des nagts de byen syg te beter lief kriegen en aenniemen. Is het saeke dat de bye volck genoeg heeft en den selven dagh haer moer verspeelt, rookt haer dol en geeft haer een nieuwe moer. Dit gelukt dikwyls, maer niet altyt. Lukt het niet, dan voert dese bye wel en ondersoekt nae twee of dry daegen of sy begindt nieuwe raeten te maeken. Doet sy sulks niet, het is perykel dat sy geen moer meer heeft; daerom jaegt haer uyt en ondersoekt of sy [55]een moer heeft, vindt gy geene dan set een nieuwe moer by de byen; laet haer eene nagt in een leedig kaer liggen en des smorgens slaet de moer met de byen in den stock. Seyt dan versiekert, dat sy de moer heeft aengenomen; is het dat de bye middelmatig volck heeft, dan gebruekt die moeren welcke met eenige byen staen; heeft de moer neeten, dan is de bye onfeilbaer geholpen. Bemerckt als de moer, met dewelcke gy de moerloose byen helpt, niet vrugtbaer is, dat het dan altyt beter is de bye naer een ander plaets te draegen en alleen te stellen, want de ondervinding leert, dan een bye, die haer moer eens verspeelt heeft, dat sy haer dikwylder verspeelt; maer staet sy alleen, soo kan sy haer niet verspeelen.

Gaerne wil ick nog wat verhaelen van het helpen der moerloosen.

D. Vr. Wanneer verspeelt een bye haer moer het aldermeest?

M. A. Den bye verspeelt syn moer het eersten als de moer ontrendt vrugtbaer is. Dit is een geheymnisse van den bye, hetwelck ick tot nu door ondervinding niet hebbe konnen ontdecken. Maer myn gevoelen is, dat de byen ontrendt dien tydt de moer plaegen en dol maeken; en daerom in het afweeren der byen om dese dolheydt in een ander kaer vlugt en gedood wort. Dit kan eenigsins geapprobeert worden door de ondervinding, want als den bye syn moer verspeelt heeft, en geeft hem een nieuw moer, hy sal haer 9 of 10 daeghen houden en ontrendt dien tydt wyederom verspeelen. Daerom is het geraetsaem dat gy dien bye, die syn moer verspeelt heeft, wegdraegt en alleen set, als syn moer die gy hem geeft niet vrugtbaer is.

D. Vr. Wanneer is de moer vrugtbaer?

M. A. Men verneemt ordineer dat de moer vrugtbaer is, ontrendt de 8 ad 10 daegen. Eventwel ondetvyndt men dat de moeren 15 ad 20 daegen staen eer sy vrugtbaer syn, en syg nogh verlyesen. Volgens myn opinie komt dit uyt armoede, omdat de byen honingh haelende, niet veel gevoert worden.

Het achtynde deel.

Van het lappen der byen.

Bemerkt dat het dikwyls geschydt dat den bye 2 of 3 mael swaermt, en alsoo syg alte verswaekt. Desen bye moet geholpen worden met volck. [56]

D. Vr. Hoe doen ik dit lappen?

M. A. Swaermt den bye twee of dryemael. Hebt gy den swaerm nog alleen, dan houdt de moer met eenighe byen voor eenen moerloosen. Sneydt de moeren en de dreenen uyt den stock en dan slaet de byen int selve kaer. Maer vlygt den swaerm by anderen, soo maekt sooveel als gy byen hebt. Maer is het een swaerm die te groot is, dan spaert eeninghe byen van den swaerm, en saevons laeft den stock die te swaek is. Is het saeken dat gy veel volck of byen hebt die te swaek syn, dan moet gy de laetste swaermen (de moer ontniemt) en de byen by de swaeke slaen.

D. Vr. Kan ik alle soorten van byen by alle byen verlappen?

M. A. Neen, byen van oude moeren mogen by geen jongen moeren verlapt worden (tensy dat de jonge moeren den broet hebben toegemaekt), want de byen van de oude moeren verdraegen syg niet met de jonge moeren. Maer de byen van jongen moeren, kont gy by alle soortten van byen verlappen, want desen gaerne aenniemen, ick kan geen ander reden geven als de ondervinding alleen.

D. Vr. Wanneer moet ik den byen lappen?

M. A. Gy moet de byen niet eeder lappen als ontrent den avont, want in den daegh sy malkanderen dooden.

D. Vr. Hoe lappe ick den bye?

M. A. Gy moet den stock en de byen doll roocken, dan vermengt honingh met waeter en werpt desen door de raeten en over de byen. Werpt de byen by malkanderen, laet het kaer een weynig staen, dat sy door malkanderen loopen en syg aenniemen. Syn het geswaermde byen, soo steldt den bye op syn plaets, maer syn het byen die gy met gewelt een anderen ontnoemen hebt, dan moet gy den bye wegdraegen, want de byen keeren anders wyeder naer haer vorig plaedts. Bemerkt als gy moeren hebt in groete kaer en in vollen broet sytten, dat gy desen ock soo kondt helpen en maeken tot volkomen byen.

Het negentiende deel.

Van het hanteeren der jaegers.

Bemerckt dat ick in het elfde deel, cap. 2, gehandelt heb van het jaegen en separeeren der byen. [57]

D. Vr. Is voor de hut de meesten arbydt gedaen, kan men dan beginnen met de jaegers?

M. A. Den jaeger is de beste bye en daerom moet hy wel geobserveert worden. Is den jaeger nu dry weeken in syn kaer, dan moet gy hem visiteeren, of hy nogh van honingh voorsien is, andersiens moet hy gevoert worden. De reden is, omdat de jonge byen beginnen te komen dewelcke moeten eeten. Onderstelt hy heeft nogh honingh dan voert hem eeventwel eens of twee mael, ock dikwylder als het noetsaeklyk is en dit om veel redenen:

1mo. Heeft den jaeger nogh honingh, desen wordt gespaert, voor het quaet weeder.

2do. Den jaeger begindt door den gevoerden honingh terstont te lengen en nieuwe raeten te maeken en vergeet het swaermen.

3^{tio}. Daerna moet den jaeger dikwyls gevisiteert worden, of hy te veel dreenen-raeten maekt. Dese moeten den kop afgesneden worden, opdat hy van het swaermen wyederhouden wordt. Want nauwelyks is den jaeger ses weeken in het kaer, of hy bereydt syg om te swaermen.

D. Vr. Hoe kan ick dit swaermen beletten?

M. A. Om dit swaermen te beletten worden veel konstenaers gevonden, maer tot desen dagh heb ick er geene gekendt, die dese konst onfeilbaer aen my getoont heeft.

Als dese gevonden wordt:

Erit mihi Carthesius.
"Wie aen my kan dit leeren
Zal ick als mynen meester eeren".

Eventwel hebben er sig veel aen my vertoondt, maer ick heb er geene onfeilbaer gevonden; nogtans wil en moet ick bekennen dat er eenige middelen syn, om het swaermen eenigsins te beletten. Dit middel is gelyk ick geseidt hebbe, de dreenen den kop af te snieden en de moerdoppen uytsteken.

2do ontniemt de bye haer overvloedig volck en lapt eene andere swacke bye met dit volck, op de manier gelyk in het 18 deel geseidt is.

D. Vr. Op wat manier sal ick dit lappen doen?

M. A. Op dese manier; neemt een leedig kaer ontrendt den avond, [58]steldt den jaeger op dit kaer, stoot twee of dry mael op den grond, dat de byen in het leedig kaer vallen, stelt den jaeger op syn plaets, en ondersoekt of de moer ock uytgevallen is, die gy den jaeger moet wyederom geven. Vindt gy de moer niet, laet de byen eenigen tydt liggen; is de moer by de byen, sy sullen ruetten en syg versaemelen. Maer is de moer niet by de byen, sy loopen en soecken door het kaer; legt haer gevangen, dan sullen sy huellen. Soo siet gy seeker, dat de moer by dese byen niet en is.

3^{tio} Een ander myddel; swaermt den jaeger, deyldt den swaerm en werpt de moer met eenige byen in den jaeger, en met de andere byen helpt een klein swaermken.

4do Sommige willen dat gy eenen jaeger laet swaermen en doen den swaerm in een kaer. Swaermt den tweeden, dan stoot alle dreenen en moeren uyt den eersten. Slaet den swaerm in den eersten geswaermden syn kaer en soovoorders, ist datter nogh meer swaermen.

5do Dit is het onfeilbaerste remedie dat ick weet of ooyt heb gehoort. Jaegt den jaeger geheel uyt syn kaer, jaegt hem om tegen eenen swaeken bye (gelyk ick geleert heb in het elfste deel, Cap. 3 of 3 of 5), dan siedt verseekert, dat hy het swaermen voor einigen tydt laeten sal. Eedogh, heb ick ondervonden dat sy daernaer swaermden, maer seer selden. Bemerkt dat dit altydt niet geraetsaem is, want in quaede jaeren heeft men twee byen die niet veel werken, maer in goede jaeren is het seer goedt, en worden twee goede byen. Is het saeken men byen tegen een omset, hoe dit moet geschieden sal ick in het volghende deel beweysen.

Het twyntigste deel.

Van het omsetten der byen.

D. Vr. Wat moet ick observeeren in het omsetten der byen?

M. A. Als gy eenen bye wildt omsetten dan moet gy wel letten op de egaliteydt en gelykheidt der kaeren. Want syn de kaer niet egael dan vliegt den bye niet wel by, maer vervliegt sich ligtelyk.

D. Vr. Welke byen kan men tegen malkander omsetten?

M. A. Jaeger tegen jaeger, swaerm tegen eenc swaerm, ouden tegen ouden is het besten. Maer gy kondt ock eenen ouden tegen swaerm of jaeger omsetten, maer gy moet wel observeeren, als gy [59]eenen swaerm of ouden bye tegen eenen jaeger wildt omsetten, dat den swaerm of oude bye met synnen broet soover moet geavanceert syn, dat hy nieuw volck trekt, want de ondervynding leert, dat de byen sig andersiens moorden en de moer dooden.

D. Vr. Geeft my nogh eeninghe bemerkingen die in het omsetten der byen moeten observeeren.

1[mo] Bemerkt dat indien gy eeninghe byen tegen malkanderen wilt omsetten, dat gy de kleynste niet moet omsetten tegen de grootste, want dan geschiedt het dikwyls dat de byen van den grooten by den kleynen koomende, dat sy hem uyt het kaer jaegen en dan terstondt swaermt. Maer wilt gy wel omsetten, dan moet den bye die gy omset goet voortgank hebben; maer nemt gy eenen bye die geenen goeden voortgank heeft, dan sullen alle twee willen swaermen.

2[do] Bemerkt dat gy dit omsetten kont doen, om de byen egael te maeken, want onderstelt gy hebt eenen bye die vaesel is en sterk is en sterk in het voolk is, gy hebt eenen anderen die te swaek is, set haer om, soo worden sy beyde vaesel.

3[do] Bemerkt dat dit omsetten niet moet geschieden tensy dat de byen wel honing haelen, andersiens moorden sy malkanderen.

Het een en twyntigste deel.

Van de ongesontheydt en vuyligheydt der byen.

Bemerkt dat de ongesontheydt der vuylheydt als een pest onder de byen is; daerom moet een vorsiegtig byenman syg tragten te waegten dat dit quaet onder syn byen niet en komt, want desen byen avancieren niet, maer gaen allenskes te niet.

D. Vr. Welk is de oorsaek van de ongesontheydt der byen.

M. A. De eerste oorsaek van de ongesondtheydt der byen is de quaeden en ongesonden honingh, denwelke gy de byen voert. Desen honingh komt van vuelen en ongesonden byen die door gedaen worden. Voert gy sulleken honingh, het is onfeilbaer dat de byen vuel en ongesondt worden.

D. Vr. Als ik twyffel of den honingh quaet is, wat doen ik dan?

M. A. Beviendt gy eenighe quaet in uwe byen, voert niet anders als met raet-honing, want dan veroorsaekt het soo groot quaet niet, omdat de vuelheydt niet met honingh vermengt is en het quaet dat in de raeten is roeren de byen niet. [60]

2do Wort den bye ock ongesondt van den honingh die niet suever is afgedaen of getont.

D. Vr. Wanneer wordt den honingh onsuyver afgedaen of getondt?

M. A. Den honingh wordt onsuyver afgedaen als hy met onreynen broet wordt in de ton geworpen en alsoo door gedaen. Van desen saek sullen wy daernaer spreken.

3do Wordt den bye ongesondt als gy hem jaegt eer hy bequaem is, want door het jaegen wordt den bye syn volk ontnomen en alsoo onbequaem om synen broet te besetten. Door de koude sterf hy. Somtyds verweckt den broet het eeninghe ongesontheydt en vuyligheydt, maer dit is niet soo schadelyk als die van ongesonde en onsuyveren honingh. Voorts komt dus, om deselven reden, dat er syn vele van gevoelen (en niet sonder fondament) dat in koude lentens, als men sterk voert, de byen meer broet maeken als sy konnen besetten en daerom er veel sterft en vuel wort. Want dit heb ik ondervonden, dat in een seer koude lenten dat ik de byen gevoert hadde, op den ondersten randt van het kaer en het kaer snaegs dikwyls hadde opgestaen, dat dan door de koude veel broet gestorven was, maer evenwel had dese vuyligheydt geenen schaede veroorsaekt in dat jaer, omdatter weynig volk in de byen gevonden wiert. Maer het jaer daernaer was het een goet jaer en heb geen quaet gevonden, soodat ick vast houde dat desen vuyligheydt door de byen wordt uytgeworpen en daerom soo schaedelyk niet is als die van onsuyveren honingh. Voorts om deselven reden ben ick van gevoelen, dat eenen jaeger of swaerm desen vuyligheydt kan bekomen als hy op alte natten of kouden grondt staedt; want men siedt dat door de nattigheyd de kaer van binnen heel grys worden en omdat de byen uytvlyegen om honingh te haelen, soo wordt door de koude den broet styef en sterft den broet, wordt somtyds door de byen uytgeworpen, maer niet altydt. En waer het saeken dat sulken swaerm werde getont, soo sou den honingh ongesont en onsuyver worden, daerom moet gy de jaegers en de swaermen op drooge en waermen aerden setten.

4do Anderen syn van gevoelen dat de byen het quaet konnen haelen, of van de bloemen, of van de andere byen; en desen opinie is waerschynlyk omdat de ondervynding leert dat de byen die staen onder een en deselven hut, die een en denselven honingh gegeten hebben, evenwel den eenen gesont en den anderen ongesont is. [61]

5do Konnen de byen ongesondt worden van het kaer, want is het een kaer in hetwelcke te voren eenen ongesonden bye is geweest, het is een groote vrees dat den bye sal gesont blieven, hetgeene ick door de ondervynding geleert hebbe. Daerom wilt gy sulken kaer gebruken dan moeten het veel jaeren liedig gelegen hebben, soodat het geheel uytgedroogt sye, en ontsmet en uytgebrandt. Edoch is het geraetsaem sulke kaer tot hoegsels te maeken of tot een ander saek te gebruken. Worden de byen ongesondt, ist ook soms dat gy haer eenen honingh geeft van eenen ongesonde bye, want desen wordt ongesondt, besonder want het eenen eerste swaerm of jaeger is; maer aen eenen naerswaermen is het niet soo schaedelyk. De rede is omdat den eersten of jaeger met den quaden honingh begyndt te werken en terstondt broet maekt, en soo is het groot peryckel dat de jonge byen of den broet worden onsteken. Ter contrarie der naerswaermen heeft eene jong moer, die ontryndt 10 ad 12 daegen en somtydts langer geenen broet maekt. Desen jongen moer verteert en suyvert den honingh eer sy broet maekt, soodat de ondervynding leerdt dat het aen desen selden schaede doet.

1mo Bemerkt dat den minnaer der byen altydt moet sorgen dat hy wel voorsien is met goeden en gesonden hoeningh, besonder in het begyn van het voeren, opdat syn byen niet ongesont worden; want worden sy ongesont in het begin, dan kander niets goedts van de byen komen, maer syn de byen gejaegt dan kont gy honingh voeren aen denwelcke gy twyffelt of weet dat hy niet alte suyver is, want naer het jaegen maeken de byen geenen broet (omdat sy van de moer berooft syn) en vervolgens dat desen honingh geenen schaeden doet, want de oude of vlyegende byen worden door den onsuyveren honingh niet beschaedigt, maer alleen de jongen of den broet. Dit is een observaetie en geheymnisse der byen, te weten dat de byen, in het maeken der jongen, honingh moeten gebruyken; is den honingh onsuyver, de jonge byen sterven en den bye wordt ongesondt. Vraegt iemant de reden, waerom dat het meerder de jonge byen als de oude byen schaedt, dan kan ick geene andere reden geven alsdat de ondervynding sulks leert.

2do Bemerkt dat niet altydt ongesontheydt of vuylligheydt is, dat sommige byenmans vermeynnen te weten dat als sy een tuytjen in de raeten gelaeten vynden, in hetwelcke geene bye in is, maer eenen [62]vuyllen worme, dit een teeken is. Ick denk niet, alhoewel men dit niet gernen siet, en als dit met den honingh vermeyngt wiert, schaede soude doen. Eventwel is het geen ongesondtheydt, en als dit verdroogt is, wort het door de byen uytgeworpen, maer is het opregt vuyl dan heeft het geenen gelyckenyssen van een bye ofte worm, maer het sit in de raeten, ick vraeg verschooning voor het woord, gelyk snot, en den bye is rot.

D. Vr. Hoe erkennen ick eenen ongesonden of vuyllen bye?

M. A. In den herst en lenten als de byen geenen broedt en hebben, kondt gy de ongesondheydt wel lyegtelyk erkennen. Is het saeken dat gy den bye met toeback of anderen rook opblaest, vyndt gy nogh gesloten tuytjens, het is een teeken dat de bye gesondt is; maer is den bye vol broet, dan is het moyjelyker om te erkennen. Om dit te weten evenwel moet gy op deselve maenier erkennen, te weten met opblaesen, waer den broet getrokken is; syn op desen plaedts eenygen tuytjens geslooten, gy moet dit examineeren. Syn geen byen maer vuylligheydt in dese tuytjens, het is een teeken dat den bye vuyl is. Kont gy dese tuytjens niet visiteeren, steekt een raet uyt het nest, in hetwelck broet is. Examineert wel of dese broet levendig en gesondt is, dan sal den bye gesont syn.

Het twee en twintigste deel.

Hoe een ongesonde bye moet gesondt gemaekt worden.

D. Vr. Hoe maek ick den ongesonden bye gesondt?

M. A. Ondervindt gy dat eenen bye vuyl of ongesont is, dan moet desen naer het jaegen sterk gekort worden. Alle tuytjens, die gy siet dat gesloten syn, moeten uytgestoken worden, opdat den bye geheel vernieuwt worden; haelt den bye buytten geenen honingh, voerdt hem gesonden honingh ofte raet-honingh, dan sal den bye wyederom gesondt worden. Is het een goet jaer, dat desen bye eenen vaeselbye wordt, dan moet hy opgeset worden; de reden is, omdat swynters en slentens door den langdurigen tydt het quaet verdroogt en wordt door den bye uytgeworpen. Voert slentens aen desen bye goeden honingh, dan wordt hy wyederom gesondt; maer is het een maeger jaer, dat den bye niet vaesel wordt, dan moet desen honingh voor geen jaeger maer aen eenen naerswaerm gebruykt worden, om de reden in het vorig deel gegeven. [63]

D. Vr. Wat doen ick, is het dat den bye geheel ongesondt is?

M. A. Ist saeken dat den bye ongesont is, soodat meer als het derde tuytje vuel is, jaegt den bye uyt, doet hem op eenen honingh of in een ledig kaer en laet hem aerbeyden hetgeen dat hy kan; kort en suyvert den bye; dogh doet de swaermen die laeter komen in die kaeren, dan sal het niet of weynig schaeden, want den swaerm sal alle raeten suyveren eer hy broet maekt.

D. Vr. Wat doen ick, is het dat ick in het begin de ongesontheydt nyet vynde?

M. A. Ondervindt gy de ongesontheydt niet eerder als in den somer, laet den bye draegen soo veel als hy kan; in den herfst werpt hem in de ton en verkoopt den honingh aen de peperkoekenbackers en besorgt nieuwen gesonden byen-honingh. Bemerckt dat de ongesonde byen niet moeten geset worden ontrent een hut, dewelcke gesonde byen heeft, omdat de ongesonde om den stank uyt haer kaer vlugten. Vervolgens wercken sy niet of weynig en worden dikwyls door de gesonden uytgeplundert en geroóft, hetwelck ock seer sorglyk is voor de gesonden, want gelyk ick geseydt hebbe in het 21ste deel als de vyerde reedenen dat sy konnen ongesond worden.

Het dry en twintigste deel.

Capittel I.

Hoe men voorders de byen moet hantieren.

D. Vr. Wat doen ick naer het kortten?

M. A. De byen nu gekort synde, (is het dat sy buytten vlyegen, en niet haelen), moeten gevoert worden. Gy moet de oude byen ock dikwyls visiteeren, besonder als sy drye weeken syn; want sy bekomen dan nieuwe wormen of volck en motten, dikwyls seer sterk. Desen moet gy vangen en dooden, gy moet ock de jaegers en swaermen visiteeren, of sy willen swaermen, en als sy honingh haelen, de dreenen-raeten den kop afsnieden, opdat de byen honingh in dese raeten draegen en alsoo het swaermen vergeten. Als sy het kaer ontrent vol raeten hebben, dan moet gy der een hoegsel onder setten, want sy door dit middel het swaermen vergeten en verlaeten, en soo [64]de byen op nieuws beginnen te wercken, en raeten maeken voor den aenkomenden honingh.

Het vyer en twintigste deel.

Van het vervoeren der byen naer de Peel enz.

D. Vr. Wanneer vervoere ick de byen?

M. A. In het laetste van Julius en int begin van Augustus, moeten de byen naer de heyde of Peel gevaeren worden. Eer dit geschiedt, moeten de byen (die ontrendt vol syn) gehoogt worden, opdat geenen perykel van doodt te vaeren sy; ock moeten sy gesuevert syn van motten en ander ongesyeffer, omdat gy niet dagelyks by de byen komt, en dese meester worden en veel schaede veroorsaeken.

D. Vr. Hoe stelt men die op de kar?

M. A. Daer syn verscheyde manieren hoe gy de byen stelt op de kar en sult setten om te vaeren. Den eenen behaegt dese, den anderen behaegt een ander, maer onder alle behaegt my dese de beste- te weten: als men twee byen stulpt en dry daer boven op steldt, vyf in ieder rey; maer de byen die gestulpt worden moeten niet op de plank, maer op eenen ruster van latten gestelt worden, opdat sy lugt hebben, want sy souden sich andersins dood loopen of stikken.

D. Vr. Wat moet ick nogh meer observeeren?

M. A. Gy moet ock observeeren, hoe de raeten staen van den bye die gy op de kar steldt, want volgens de raeten moet den bye noetsaekelyk op de kar gestelt worden, opdat de raeten en den honingh niet quetsen.

D. Vr. Wat doen ick is het saeken dat de byen vol raeten en honingh syn?

M. A. Is het saeken dat de byen op de blaublom ofte op den boekweyd, veel honingh gehaelt hebben, soodat gy vreest, dat gy de byen sult dood vaeren, dan opent haer tylgaeten, als gy een of twee kogel-schot wyt wegh hebbet gevaeren; dan is geen of seer weynig perykel.

D. Vr. De byen syn al te swaer, durf ick haer niet te vervoeren?

M. A. Is het saeken dat gy eenige hebt die al te swaer syn, p. e. van 50 of 60 pond, jaegt haer uyt, en brengt haer byen in een ledigh kaer naer den Peel. [65]

Capittel II.

Van de beste byen om naer den Peel te vaeren.

D. Vr. Welcke syn de beste byen om naer den Peel te vaeren?

M. A. De swaermen der jaegers. De reden is omdat de byen de swaermen jaegers het meeste volk hebben, en daerom in korten tydt veel honingh kennen bydraegen, want den peel heeft een seer teer blom, dewelcke veel honingh in korten tydt geeft, maer ock seer haest gedaen heeft; door eenen stormwyndt ofte blyksem wort sy geheel verdorven. Ondersteldt sy wort niet bedorven, soo heeft sy eventwel eerder gedaen, want ontrynt St-Bartolomeus (als andere heyden in het besten syn), heeft den Peel ontryndt gedaen. Daerom syn oude byen beter voor de laetere heyde, omdat sy dan meer volk hebben. Evenwel kondt gy ock oude byen naer den Peel vaeren, is het saeken dat sy sterk van volk syn en in eenen goeden staet syn.

Capittel III.

Wat men moet doen naer het vervaeren der byen.

D. Vr. Wat moet ick doen naer het vervaeren?

M. A. Als gy uw byen vervaeren hebt dan moet gy binnen korten tydt de byen gaen visiteeren, ofter ock iet mankiert, of sy ock vervlogen syn, want het geschiedt dykwyls dat de byen door het vaeren dol syn of door den wyndt sich vervliegen, eenighe te veel anderen te weynig volck hebben. Set het kaer om, opdat sy eenigsiens egael worden.

D. Vr. Wat moet ick nogh meer doen?

M. A. Gy moet wel observeeren of de byen veel gelengt of nieuw raeten gemaekt hebben. Doen sy sulks, het is een teeken dat sy veel honingh sullen haelen. Syn sy ontryndt met de raeten op de aerden, geeft haer een hoegsel of by gebrek van hoegsel maekt een kuyl in de aerden, opdat den bye kan arbeyden. Daernaer moet gy van tydt tot tydt de byen een viesiet geven, om te sien of haer iets mankeert.

1[mo] Bemerkt dat naer half Augustus niet meer gehooght moet worden, tensy dat den bye had in den grondt gearbeydt, of dat de byen nogh sterk honingh haelen en geheel aengearbeydt waeren, soodat [66]sy door de hitte van de son en den honingh uyt het kaer gejaegt wierden, andersins is het schaedelyk. Sy maeken veel raeten maer haelen geenen honingh.

2do Bemerkt dat de byen die gy vervaert willen eenighsins met honingh versien syn, want hebben sy geenen honingh en het wort quaet weer, dan lyden sy armoeden en bederven den broet; daerom moet gy sulken byen eens of tweemael voeren, opdat sy de reys en een of twee daegen quaet weer konnen verdraegen.

Het vyf en twyntigste deel.

Van het terughaelen der byen uit de Peel.

D. Vr. Wanneer hael ik de byen terug?

M. A. Als de byen den broet getrokken hebben en geenen nieuwen meer maeken. Aengesien de byen in den Peel den broet vroeger trekken als op ander heyden, daerom kennen sy eerder gehaelt worden. Ontryndt 14 of 15 September maegh men de byen uyt de Peel wel haelen, want ordeneer om dien tydt den broet getrokken is. Dan kont gy desen byen die gy dooden wilt, op deselven plaedts dooden, want door het vaeren verlyest hy en verteert den honingh. Maer is den bye nogh in synen broet, dan moet gy hem levende naer huys brengen en dooden hem niet eerder als hy synen broet getrokken heeft, omdat den broet die in de raeten blyeft ten laetsten grys en rot wordt, hetwelck schaedelyk is voor het wasch. Als gy de byen haelt dan moet gy de vaesel byen wel observeeren en beproeven haer gelyk in het vierde deel de derde vraegh van de vaesel-byen geseydt is.

De byen gehaelt synde, steldt de vaesel byen onder de hut op haer plaedts. Hebt gy eenyngen aen dewelcke gy twyffelt, desen moegen niet vlyegen, want sy maeken den vluygh en worden sy daernaer onder de hut gestelt, sy soeken die plaets waer sy gestaen hebben en verspeelen haer volk, maer laet haer gestopt en legt haer op een duyster en koude plaedts, totdat gy de vaesel-byen onder de hut ondersoegt hebt. Die volgens u behagen niet syn, doodt desen en stelt anderen in de plaedts.

1mo Bemerkt dat de byen in den Peel sig beter suyveren en reynigen als op andere plaetsen. Daerom ook veel beter syn om op te [67]setten en tot vaesel-byen te gebruyken, omdat de ondervyndinge leert dat de byen die op den Peel gestaen hebben laeter in den lenten beteren voortgank hebben als die der andere heyde.

D. Vr. Wanneer haele ik de byen van die anderen heyden?

M. A. Van anderen heyden haelt gy de byen laeter, naer advonandt sy den honingh gehaeldt en den broet getrokken hebben.

2do Bemerckt dat ick de vaesel-byen die uyt den Peel komen gepreesen hebbe, noghtans syn sy ock goedt die van anderen heyden komen. Daer hebt gy eenighe uyt den Peel die uw niet behaegen, dan neemt anderen want sy ock goed doen.

Het zes en twintigste deel.

Van het dooden der byen.

D. Vr. Welke byen worden gedood?

M. A. Den somer gepasseert synde, ontrynt half of int laesten van September worden de byen gedood. Eerst dood men die te swaer syn om op te setten, opdat men honingh kan toonen en de anderen uytvoeren; de lyegten dood men omdat sy door den wynter niet konnen komen als het myddelmaetigen jaeren syn; syn het goeden jaeren dan set men de minsten op. Syn het seer maeger en slegte jaeren, dan set men de besten op. Daerom moet een byenman syg volgens de jaeren voegen.

D. Vr. Hoe doode ick den byen?

M. A. Vooreerst moet gy plaesters maeken. Desen plaesters worden gemaekt van verscheide materien; den eenen maekt kaerten, den anderen gebruykt papyer, den derden gebruykt wullen laeppen, hetgeen ick approbeere, omdat het wullen met den sweevel vermeingt synde, langsaem brandt en alsoo beter doodt, dat sy door de vlaem niet gekrent worden en de byen beter konnen uyt de raeten vallen. Stelt den sweevelplaester in de kuyl, maekt het kaer met aerden wel toe, datter geenen rook kan uytkomen, alsoo dan sterft den bye.

Het seven en twintigste deel.

Van het maeken van den honingh.

Bemerkt als den byenman syn byen doodt en geen honingh genoegsaem heeft voor het aenstaende jaer, kan hy in den herst eenyge honinghe maeken. [68]

D. Vr. Hoe maecken ick desen honingh?

M. A. Gy niemt swaeren ofte lyegten byen, gelyk gy hebt, en jaegt haer uyt en werpt twee byen by malkanderen, (want sy moeten veel volk hebben), gy stekt een broet raete uyt het nest van den uytgejaegden bye en pindt desen in een ander liedig kaer met een of twee liedige raeten, werpt het volk in dit lyedig kaer. Als gy den byen uytstekt en in de ton werpt, dan bewaert gy den lossen honingh en den honingh die tussen den broet sit en in de ton niet goed is; dese voert op bakken of op een schoottel, en den dagh en saavons steldt haer eenen honingh onder, dan sullen sy wel wercken en eenen goeden honingh worden.

2do Bemerkt dat desen honingh en den broet laeng moeten staen, hetwelck seer goet is voor den byenman, want ondervyndt gy dat in den herst dat eenen bye moerloos is, dan kan hy met een van desen moeren geholpen worden. Ondervyndt gy datter byen onder de hut syn die te weynig volck hebben, dan kan hy van desen volck niemen en helpen en lappen den bye. Wielt gy haer terstont naer het opdroegen der honingh dooden, dan steekt den nest en den broet uyt en doodt haer.

3^{tio} Bemerkt dat gy haer kondt laeten staen tot laedt in den herst en laeten haer den broet geheel uyttrekken, jaegt haer in een ander kaer; omdat sy daer laet inkomen, soo konnen sy met eenen lygteren honingh den wynter doorkomen, maer selden komt veel goets van haer, want sy maeken haer lygtelik vuyl.

Het agt en twintygste deel.

Hoe men den byen uytsteekt en den honingh in de ton doet.

D. Vr. Wanneer doen ick den honingh in de ton?

M. A. De byen nu gedoodt synde moet gy soo haest als het mogelyk is de byen uytsteken en den honingh in de ton doen. De reden is, omdat gy het quaedt beter vynden kondt. Want staen de byen langen tydt naer het dooden, soo wordt het nest en de doode byen grys, soodat gy het quaedt niet kont vynden.

D. Vr. Hoe steek ick myn byen het beste uyt?

M. A. Als gy den byen uytsteekt, dan trekt eenige rueselstecken uyt het kaer, opdat gy gemackelyker den honingh kont uytsteken. [69]Breekt eerst den nest uyt, visiteert den broet of hy volkomen is. Gy kont dit eenighsins kennen aen de coleur; siet den broet gielaegtig en is een weynig verheven, dan is den broet goet, maer siet den broet swartagtig en is ingeslaegen, dan moet gy desen tuytjens nootsackelyk openen. Ziet gy eenigsiens quaet, dan moet gy desen bye niet in de ton doen, in denwelcke den zuyveren honingh is, omdat eenen quaeden bye de geheel ton vervaelst.

D. Vr. Wat doen ick met desen bye?

M. A. Gy moet sulken bye niet uytsteeken, laet hem staen, of wylt gy hem uytsteeken doedt de raeten met den honingh in een ander ton, om dan met de raeten te voeren. Is den bye suyver, dan werpt sooveel byen in de ton totdat sy gevuld is, maer gy moet met eenen stok raeten breken en kleyn maeken.

1[mo] Bemerkt als gy den bye uytsteekt, en den honingh in de ton doet dat geen onreype broet magh by den honingh komen. Ik zegge onrypen broet, want den rypen broet doet weynig of geene schaeden. Daerom moet gy uw ock bemerken als doode byen by den honingh komen, want sy schaeden der honingh niet, eventwel als gy suyveren honingh maekt, separreert haer sooveel het moegelyk is, maer is den broet onryp dan bederft hy den honingh. Dit is de oorsaeke datter sooveel ongesonde byen syn, omdat den honingh van onkondige en onervaren byenmans getont wordt, daerom wilt syeker syn, separeert alle broet; is er gesegelden honingh, voert desen honingh aen den uytgejaegden van dewelcke ick in 't 7e deel gesproken heb, of wel aen anderen byen.

2do Bemerkt, is het saeken dat gy veel byen soudt hebben aen dewelcke gy twyffelt of sy gesont syn, doet desen in een ander ton en wilt gy desen honingh door doen, dan moet gy van den honingh niet voeren als naer het jaegen, omdat de byen dan geenen broet meer hebben, dat is niet soo schaedelyk; maer eventwel is het geraetsaemste met de raeten te voeren, of te verkoopen aen de peperkoeken-backers (niet aen andere byenmans, want dese bedryegt gy) en koopen gesonden honingh.

D. Vr. Kan onsuyveren honingh niet gesuyvert worden?

M. A. Sommigen koken en schuymen den honingh, om alsoo hem te suyveren; dat dit eenigsiens kan helpen, kan ick niet looghenen, want het vuur suyvert veele saeken; noghtans volgens myn gevoelen [70]kan onsuyveren honingh niet soo gesuyvert worden, dat hy de byen niet souden schaeden.

3tio Bemerkt dat de byen die gy uytsteekt, niet geheel moeten uytgestoken worden; maer daer moet honingh in blyeven voor de jaegers en swaermen; den honingh voor de jaegers mag wel syn van 15 ad 16, maer voor de swaermen kan hy wel 4 ad 5 pondt lyegter syn als voor de jaegers, omdat de jaegers eerder in de kaer komen, daerom moeten de jaegers meerder hebben als de swaermen.

Het negen en twintygste deel.

Hoe men den honingh separeert van het was.

D. Vr. Hoe sal ick doen met den honingh?

M. A. Is de honingh nu eenigen tyd gesonken geweest en wel gesat, trekt den honingh uyt de ton in eenen ketel; maekt hem waerm of lauw, schudt hem in wollen garen sackjes, duwt soo lang op die sackjens, alster nogh eenige vochtigheyt uytkomt, doet het wasch in een kuyp en alles nu doorgedaen synde, dan schudt waerm waeter op het wasch om mey te maecken.

Het dartigste deel.

Van het mey maeken.

D. Vr. Hoe maeke ick den mey?

M. A. Aengesien dat den honingh uyt het wasch niet soo kan uytgedout worden, dat er niets souden inbleyven, daerom doet gy waeter op het wasch, dat gy daer naer soetjens laet afloopen. Dit wordt gekookt en wel geschuemt, soo lang gy vermeynt dat het soet genoeg is; gy kont ock soo lang kooken, dat het kruyt wordt, om op het brood te eeten of bier en andere saeken soet te maeken.

FINIS.

Colofon

Beschikbaarheid

Dit eBoek is voor kosteloos gebruik door iedereen overal, met vrijwel geen beperkingen van welke soort dan ook. U mag het kopiëren, weggeven of hergebruiken onder de voorwaarden van de Project Gutenberg Licentie bij dit eBoek of on-line op www.gutenberg.org.

Dit eBoek is geproduceerd door Jeroen Hellingman en het on-line gedistribueerd correctie team op www.pgdp.net.

This eBook is for the use of anyone anywhere at no cost and with almost no restrictions whatsoever. You may copy it, give it away or re-use it under the terms of the Project Gutenberg License included with this eBook or online at www.gutenberg.org.

This eBook is produced by Jeroen Hellingman and the Online Distributed Proofreading Team at www.pgdp.net.

Codering

Dit bestand is in een verouderde spelling. Er is geen poging gedaan de tekst te moderniseren. Afgebroken woorden aan het einde van de regel zijn stilzwijgend hersteld. Kennelijke zetfouten in de inleiding zijn gecorrigeerd. Dergelijke correcties zijn gemarkeerd met het corr-element. De oorspronkelijke tekst is zonder enige wijziging overgenomen.

Hoewel in het origineel laag liggende aanhalingstekens openen gebruikt, zijn deze in dit bestand gecodeerd met ". Geneste dubbele aanhalingstekens zijn stilzwijgend veranderd in enkele aanhalingstekens.

Documentgeschiedenis

1. 2008-01-18 Begonnen.

Externe Referenties

Dit Project Gutenberg eBoek bevat externe referenties. Het kan zijn dat deze links voor u niet werken.

Verbeteringen

De volgende verbeteringen zijn aangebracht in de tekst:

Bladzijde	Bron	Verbetering
4	[Niet in bron]	"
9	[Niet in bron]	"
9	[Niet in bron]	"
9	eventwel	Eventwel
10	[Niet in bron]	,
27	[Niet in bron]	.

www.ingramcontent.com/pod-product-compliance
Lightning Source LLC
Chambersburg PA
CBHW031430210526
45464CB00005B/2138